Die Oberflächenhärtung

und ihre Berücksichtigung bei der Gestaltung

Von

Dr.-Ing. E. F. Göbel und Ing. W. Marfels

Karlsruhe Köln-Deutz

Mit 69 Abbildungen

Springer-Verlag

Berlin / Göttingen / Heidelberg

1953

ISBN-13:978-3-540-01700-4 e-ISBN-13:978-3-642-92595-5
DOI: 10.1007/978-3-642-92595-5

Vorwort.

Das Härten der Oberflächen von Konstruktionsteilen aus Stahl hat sich heute auf fast allen Gebieten des Maschinen-, Motoren- und Gerätebaues in großem Umfang eingeführt. Es spielt im Rahmen der eigenschaftsverbessernden Warmbehandlungsvorgänge beim Stahl insofern eine wichtige Rolle, als es damit gelingt, Werkstücken an ihrer Oberfläche günstige Verschleißeigenschaften zu geben, ohne daß sie durch und durch gehärtet zu werden brauchen. Auch besitzen an der Oberfläche gehärtete Bauteile eine größere Festigkeit gegenüber schwingender Dauerbeanspruchung.

Das vorliegende Buch will in erster Linie Konstrukteure und Betriebsingenieure in konzentrierter Form über die einzelnen Oberflächenhärteverfahren und ihre Auswirkungen auf die Eigenschaften der Konstruktionsteile unterrichten. Neben den in Frage kommenden Werkstoffen werden diejenigen Überlegungen aufgezeigt, die zur Festsetzung aller erforderlichen technischen Angaben führen. Hierbei wird auch auf die inneren werkstofflichen und festigkeitsmäßigen Vorgänge eingegangen, soweit sie zu einem tieferen Verständnis der Auswirkung einzelner Maßnahmen notwendig sind. Denn gerade die Unsicherheit in der Beantwortung der auftretenden Werkstoff- und Festigkeitsfragen hat neben weit verbreiteten irrtümlichen Anschauungen über die Anwendungsbereiche und die Anwendungsmöglichkeiten der Oberflächenhärtung oft zu Maßnahmen geführt, die genau das Gegenteil des Gewünschten zur Folge hatten.

Um den Überblick nicht zu beeinträchtigen, ist bewußt auf ein stärkeres Eingehen in ausgesprochene Einzelprobleme von zunächst nur wissenschaftlichem Charakter verzichtet worden. Auch die härtereitechnische Seite ist nur insoweit behandelt, als es zur Beurteilung der Wirtschaftlichkeit und der Fertigungsmöglichkeiten nützlich ist. Dafür ist eine größere Zahl von Konstruktionsbeispielen angeführt, welche unter Angaben von Zeichnungsvorschriften an praktischen Fällen die Möglichkeiten einer erfolgreichen Anwendung der Oberflächenhärtung zeigen.

Wir danken allen in dieser Arbeit angeführten Firmen und Herren für das freundliche Überlassen von Abbildungen, ganz besonders aber der Bayerischen Motoren-Werke A. G. in München für die Freigabe einer Reihe von Unterlagen. Dem Springer-Verlag gebührt besonderer Dank für die sorfältige Ausgestaltung des Buches.

Karlsruhe und Köln-Deutz, Februar 1953. **Die Verfasser.**

Inhaltsverzeichnis.

1. Einführung.

1,1. Allgemeines.

Drei Gebiete sind es, die in der modernen Technik die Grundlage bilden für das Zustandekommen großer Industrieleistungen: das konstruktive, das werkstoffliche und das fertigungstechnische. Alle drei stehen in engster Beziehung zueinander, das eine ist vom anderen abhängig, und die Fortschritte auf dem einen Gebiet kommen den Arbeiten auf dem anderen zugute.

Es ist deshalb sehr nützlich, wenn die Fachingenieure der einzelnen Gebiete sich bemühen, entsprechend eng zusammenzuarbeiten. Dazu ist aber erforderlich, daß der eine über die Grundlagen und über die wesentlichen Fortschritte auf dem Arbeitsgebiet des anderen Bescheid weiß. Der Fertigungsingenieur sollte schon unterrichtet sein über das Wichtigste aus dem Bereich der neuen Konstruktionslehre (Gestaltungslehre), und der Konstrukteur braucht eine genauere Kenntnis der modernen Fertigungs- und Behandlungsverfahren. Zwischen beiden arbeitet der Werkstoff-Fachmann, der, gestützt auf seine Erfahrungen und Erkenntnisse, sowohl dem Konstrukteur als auch dem Fertigungsingenieur beratend und helfend zur Seite stehen kann.

Faßt man das engere Gebiet der Oberflächenhärtung näher ins Auge, so erkennt man, daß gerade hier konstruktive, fertigungstechnische und werkstoffliche Fragen in so großer Zahl auftreten, daß es vor allem der Konstrukteur begrüßen wird, wenn ihm in klarer und konzentrierter Form Unterlagen an Hand gegeben werden, die es ihm gestatten, sich rasch in das Wesentliche dieses Gebietes einzuarbeiten und die ihm die Entscheidung bei allen wichtigeren Fragen erleichtern helfen, vor allem dann, wenn kein Werkstoffingenieur im Betrieb zur Verfügung steht. Welche Teile an der Oberfläche gehärtet werden sollen, an welchen Stellen dies zu geschehen hat, welches Härteverfahren am geeignetsten ist, welcher Werkstoff am besten genommen wird, wie tief die Härteschicht sein soll, ob und wie nach dem Härten das Teil zu bearbeiten ist — das alles sind Fragen, die schon bei der Konstruktion geklärt werden müssen, damit die Werkstattzeichnungen von vornherein alle für den Einkauf, den Betrieb und die Kontrolle notwendigen Angaben einheitlich und für alle Beteiligten begreiflich enthalten können.

1,2. Der Begriff der Härte in der Technik.

Eine für alle Stoffe gültige Definition der Härte gibt es noch nicht. Das Maß für die Härte eines Körpers ist deshalb nur zu verstehen im

Zusammenhang mit dem Verfahren und den Hilfsmitteln, mit denen die Härte bestimmt wird. Es ist ein Unterschied, ob die Härte durch Ritzen oder durch statisches oder dynamisches Eindrücken einer Stahlkugel oder einer Diamantspitze ermittelt wird, und demgemäß hat eine Härteangabe nur dann einen Wert, wenn die näheren Bedingungen bekannt sind.

Von den älteren Verfahren ist die Ritzhärtemessung von MOHS am bekanntesten geworden. Mohs nahm um 1820 zehn verschiedene Mineralien, die so zueinander paßten, daß jedes von ihnen das in der Reihe vor ihm liegende zu ritzen imstande war, während das nachfolgende nicht geritzt werden konnte. Er erhielt die in Tab. 1 mit aufgeführte, sogenannte Mohssche Härteskala.

Tabelle 1. *Härtewerte verschiedener Stoffe.*

Stoff	Vickershärte HV in kg/mm²	Härtezahl H_0	Mohssche Härteskala
Talkum	2,4	0,9	1
Gips, Steinsalz	36	2,3	2
Kalkspat	109	3,3	3
Flußspat	189	4,0	4
Apatit	536	5,7	5
Feldspat	795	6,5	6
Härteste Nitrierschicht	1000	7,0	—
Quarz	1120	7,3	7
Topas	1427	7,9	8
Wolframkarbid	1430	7,8	—
Korund (Saphir, Rubin)	2060	8,9	9
Wolfram-Titankarbid	2145	9,0	—
Titankarbid	2900	10,0	—
Siliziumkarbid	3000	10,1	—
Diamant	10600	15,1	10

Die Messung der Härte eines Stoffes durch Ritzen hatte sich eingangs auch in der Werkstoffprüfung der Metalle eingeführt. Wegen verschiedener Mängel ist sie aber in ihrer Bedeutung stark zurückgegangen zugunsten der Eindring-Härtemeßverfahren. Heute versteht man in der Technik unter der Härte den Eindringwiderstand, den ein Körper dem einmaligen Eindringen eines anderen, härteren Körpers entgegensetzt. Für den Konstrukteur sind praktisch nur diejenigen Härteangaben wichtig, die sich aus Messungen nach dem Brinell-, Rockwell- oder Vickers-Härteprüfverfahren ergeben (s. Abschn. 1,4).

Am universellsten anwendbar ist die Härteprüfung nach Vickers. Ihr Anwendungsbereich erstreckt sich auf alle metallischen und mineralischen Stoffe. Mit ihr läßt sich nicht nur die höchste Härte oberflächengehärteter Stahlteile bestimmen, sondern auch die Härte von spröden Gläsern, Karbiden und Mineralien. Dies ist in den letzten Jahren möglich geworden durch die Vickers-Mikrohärteprüfung, die es außerdem gestattet, die Härte von einzelnen Gefügebestandteilen in Metallen einwandfrei zu messen.

Neuerdings ist es gelungen, eine Beziehung zu finden zwischen der alten Mohsschen Härteskala und den Härtewerten nach Vickers. Damit ist man in die Lage versetzt worden, den gesamten Härtebereich bis zur Härte des Diamanten zu übersehen. Die alten Mohsschen Härtezahlen konnten korrigiert werden gemäß der einfachen Beziehung

$$H_0 = 0{,}7\sqrt[3]{\mathrm{HV}}.$$

Darin bedeutet H_0 die Härtezahl und HV die Vickershärte. Abb. 1 zeigt diesen Zusammenhang anschaulich. In Tab. 1 sind die Vickers-Härtewerte und die entsprechenden H_0-Werte für einige Stoffe angegeben. Es ist zu erkennen, daß die Zahlen in der Mohsschen Härteskala recht gut mit den H_0-Werten übereinstimmen bis auf die Härte des Diamanten, die jetzt nicht mehr die Zahl 10, sondern 15,1 hat.

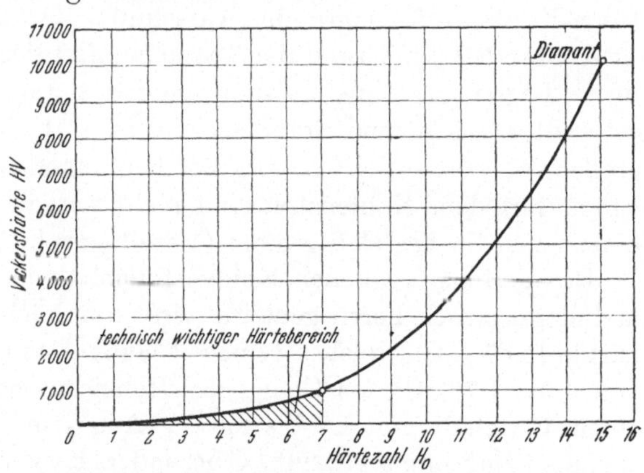

Abb. 1. Zusammenhang zwischen der Vickershärte HV und den Härtezahlen H_0.

Die größte Härte, die man bei der Oberflächenhärtung von Stahl erreichen kann, wird beim Nitrierhärten erzielt. Sie liegt etwa bei HV = 1000 und entspricht der Härtezahl $H_0 = 7$.

1,3. Das Härten von Stahl.

Früher wurden nur die härtbaren Eisenerzeugnisse Stahl genannt. Im Laufe der Zeit hat sich der Begriff Stahl jedoch gewandelt. Heute werden alle Eisenlegierungen, die nicht Roheisen, Grauguß oder Hartguß sind, mit Stahl bezeichnet.

Das Härten von Stahl ist einer jener Wärmebehandlungsvorgänge, die den Zweck haben, Bauteilen lediglich durch Änderung der Temperatur oder des Temperaturablaufs bestimmte Werkstoffeigenschaften zu geben. Es handelt sich dabei also um ein Erwärmen des Bauteils auf die der betreffenden Stahlsorte eigene Härtetemperatur und anschließendes Abkühlen mit einer solchen Geschwindigkeit, daß erhebliche Härtesteigerungen entstehen.

Wird ein Bauteil nach dem Härten angelassen, d. h. auf die Anlaßtemperatur erwärmt und in bestimmter Weise wieder abgekühlt, dann ist es vergütet; es ist dann nicht mehr so hart, hat aber dafür eine größere Zähigkeit. Durch entsprechende Wahl des Anlassens erhält man die sogenannten Vergütungsstufen.

Während Härten und Vergüten durchgreifende, also das ganze Werkstück erfassende Wärmebehandlungsvorgänge sind, erstreckt sich das Oberflächenhärten in seiner Wirkung überwiegend auf die Oberfläche. Ein Bauteil, das an der Oberfläche gehärtet ist, besitzt also zwei Gebiete mit je ganz verschiedenen Werkstoffeigenschaften: das Innere, welches Kern genannt wird, und die Oberfläche, die auch Rand heißt.

Die allgemeine Grundlage für das Härten von Stahl bildet das Eisen-Kohlenstoff-Diagramm (Ausschnitte daraus s. Abb. 37 u. 46). Es ist entstanden auf Grund der Tatsache, daß der Kohlenstoff das wichtigste Legierungselement für Eisen ist, denn in allen technisch angewandten Eisen- und Stahllegierungen ist Kohlenstoff in verschieden großen Mengen enthalten. Die Erscheinungen bei der Verbindung des Eisens mit dem Kohlenstoff sind recht verwickelt. Sie werden genau beschrieben in der Gefügelehre (Metallographie).

Den geringstmöglichen Kohlenstoffgehalt hat reines Eisen, welches metallographisch Ferrit genannt wird; den höchstmöglichen hat Eisenkarbid (6,67% C), welches Zementit heißt. Das Gebiet der Stähle reicht von 0 bis 1,7% C; das Gebiet des Roheisens umfaßt Legierungen mit einem C-Gehalt von 1,7 bis 6,67%. Aus dem Gebiet der Stähle hebt sich die Legierung mit 0,89% C besonders hervor. Ihr Gefüge bei Raumtemperatur wird Perlit genannt. Alle dazwischen liegenden Legierungen sind aus verschiedenen Gefügebestandteilen zusammengesetzt.

Für das Härten ist die Tatsache wichtig, daß das Gefüge des Stahls sich mit der Temperatur ändert und daß man durch rascheres oder langsameres Abkühlen die Zusammensetzung des Gefüges und damit die Eigenschaften des Stahls weitgehend beeinflussen kann. Diese Gefügeänderungen gehen bei ganz bestimmten Temperaturen, den sogenannten Umwandlungstemperaturen, vor sich. Bei Raumtemperatur ist der Stahl ein Gemenge von Eisen und Perlit bzw. Perlit und Zementit. Bei hohen Temperaturen dagegen (oberhalb der GSE-Linie in Abb. 37) ist der Kohlenstoff im Eisen gelöst, wodurch ein völlig anderes Gefüge entsteht, welches Austenit genannt wird. Kühlt man den Stahl von diesen Temperaturen aus langsam ab, dann bilden sich die oben genannten Gefüge (Ferrit, Perlit und Zementit) aus. Wird jedoch rasch abgekühlt, also gehärtet (abgeschreckt), dann entsteht ein anderes Gefüge, welches Martensit genannt wird. Es ist sehr hart. Diejenige Abschreckgeschwindigkeit, die gerade ausreicht, um Austenit in Martensit umzuwandeln, heißt „kritische Abkühlungsgeschwindigkeit“. Für nicht legierten Stahl beträgt sie etwa 6 Sekunden, d. h. in dieser Zeit muß ein Temperaturbereich von rund 500°C durchlaufen sein. Die kritische Abkühlungsgeschwindigkeit ist abhängig von Legierung, Härtetemperatur und Kohlenstoffgehalt.

Die bisherigen Ausführungen gelten für unlegierte Stähle (Kohlenstoffstähle). Durch Zusatz von Legierungsmetallen wie Mn, Ni, W, Cr, V, Co erhält man bekanntlich die legierten Stähle. Sie haben höhere Schneidhaltigkeit, Verschleißfestigkeit und Warmbeständigkeit als die Kohlenstoffstähle und vor allem eine geringere kritische Abkühlungsgeschwindigkeit. Zum Teil sind sie rostsicher und hitzebeständig. Auch für das Härten von legierten Stählen gilt grundsätzlich das Eisen-Kohlenstoff-Diagramm. Es verschieben sich dabei lediglich die Umwandlungstemperaturen.

Das Oberflächenhärten durch Aufkohlen (Einsatzhärten) nannte man früher Zementieren. Dieser Ausdruck ist abgeleitet von Zementit, welcher im Gefüge des Stahls als chemische Verbindung des Eisens mit Kohlenstoff (Eisenkarbid) auftritt. Zementit ist ein außerordentlich harter Gefügebestandteil; er ist härter als Martensit.

1,4. Die technischen Härteprüfverfahren.

Aus dem allgemeinen Überblick über die Härte (s. Abschn. 1,2) ergibt sich, daß der den Konstrukteur und den Betriebsmann interessierende Härtebereich zwischen 0 und 1000 Vickerseinheiten (HV) liegt. Wie bereits erwähnt, sind zur praktischen Messung der Härtewerte innerhalb dieses Bereichs hauptsächlich drei Verfahren im Gebrauch. Sie haben sich geschichtlich nacheinander entwickelt. Als erstes kam vor etwa 50 Jahren die Kugeldruckprobe des Schweden I. A. Brinell auf. Dann folgte die Rockwell-Prüfmethode und zuletzt die Vickers-Härteprüfung. Jedes der drei Verfahren hat seine Eigenart und einen bestimmten Anwendungsbereich. Auch stehen sie in einer gewissen Beziehung zueinander. Ein weiteres Verfahren, die Rücksprunghärteprüfung mit dem Skleroskop von SHORE, ist mitunter ebenfalls in der Praxis anzutreffen.

a) Die Brinellhärteprüfung. Bei der Brinellprüfung wird eine gehärtete Stahlkugel in die glatte, ebene Fläche des Prüfkörpers mit ruhend wirkender Last eingedrückt. Auf Grund der Verformbarkeit des

Werkstoffes dringt die Kugel ein Stück t (Abb. 2) ein. Ist die Eindrückkraft gering, so ist die Verformung rein elastisch. t hängt in diesem Falle nur vom Elastizitätsmodul ab. Es muß deshalb mit einer solchen Last eingedrückt werden, daß sich der Werkstoff bleibend verformt und die Oberfläche nach der Entlastung einen kalottenförmigen Eindruck aufweist. Je weicher der Werkstoff ist, desto größer ist der in der Oberfläche verbleibende Kugeleindruck. Die Größe des Eindrucks ist also ein Maß für den Widerstand des Werkstoffs gegenüber dem Eindringen eines Körpers.

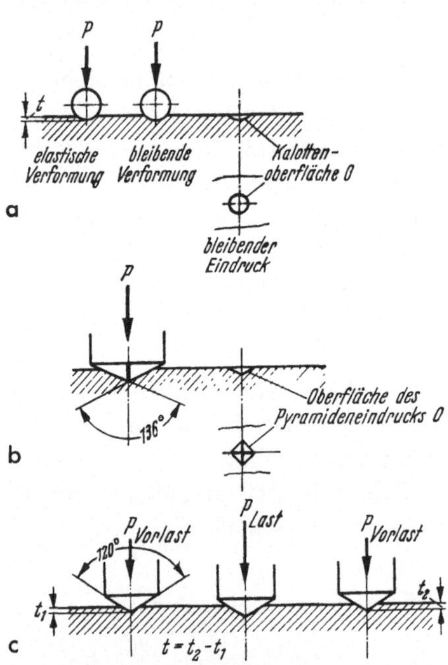

Abb. 2. Die technischen Härteprüfverfahren: a) Brinell HB = $P/O_{Kalotte}$; b) Vickers HV = $P/O_{Pyramide}$; c) Rockwell (t als Maß für HR_C).

Die Art der Ermittlung der Brinellhärte ist in Abb. 2 gezeigt. Damit man die Härteprüfung bei verschieden großen Lasten und Kugeldurchmessern durchführen kann, wird die Belastung auf die Oberfläche der Eindruckkalotte nach der Entlastung bezogen.

$$\mathrm{HB} = \frac{P}{O_{\mathrm{Kalotte}}} \ (\mathrm{kg/mm^2}).$$

Brinellhärte und Vickershärte sind bis 300 Härteeinheiten völlig gleich. Für größere Härten wird das Brinellverfahren ungenau, weil die Prüfkugel sich um so mehr selbst verformt, je mehr die zu prüfende Härte sich der Kugelhärte nähert (siehe die Abweichung der Brinellhärte von der Vickershärte in Abb. 3). Die obere Grenze der Anwendbarkeit der Brinellprüfung liegt praktisch bei $HB = 500$. Das entspricht der Härte eines Stahls mit einer Zugfestigkeit von rund 165 kg/mm².

b) Die Vickershärteprüfung. Bei der Vickersprüfung wird eine Diamantpyramide als Eindringkörper benutzt (Abb. 2). Hierbei wird die Oberfläche des Pyramideneindrucks ermittelt. Analog der Brinellhärte ist

$$\mathrm{HV} = \frac{P}{O_{\mathrm{Pyramide}}} \ (\mathrm{kg/mm^2}).$$

Die Vickersprüfung ist in allen Fällen anwendbar. Ihr großer Vorteil liegt darin, daß das Ergebnis unabhängig ist von der Belastung. Alle Prüflasten ergeben praktisch dieselbe Härtezahl.

c) Die Rockwellhärteprüfung. Bei der Rockwellprüfung wird die Eindringtiefe einer Diamantkegelspitze nach der Entlastung gemessen (Abb. 2). Das Verfahren arbeitet mit einer Vorlast. Die Eindringtiefe dient direkt als Härtemaß, wobei die Skala der Meßuhr so ausgeführt ist, daß eine kleine Eindringtiefe einer hohen Rockwellzahl entspricht und umgekehrt. Die Rockwellhärte hat daher keine eigentliche Dimension. Man spricht z. B. von 60 Rockwelleinheiten.

Das Rockwellprüfverfahren ist das betriebsmäßig einfachste und schnellste Verfahren. Es wird daher am häufigsten angewandt.

d) Rücksprunghärteprüfung. Die Rücksprunghärteprüfung mit dem Skleroskop von Shore ist ein dynamisches Prüfverfahren. Ein 3 g schwerer, zylindrischer Fallkörper, an dessen Kuppe ein geschliffener Diamant eingebettet ist, fällt in einem senkrechten Glasrohr auf die Werkstückoberfläche und springt zurück. Die Rücksprunghöhe wird gemessen. Je weicher der Werkstoff, desto größer ist der Anteil der Fallenergie, der beim Aufprall durch bleibende Verformung der Werkstückoberfläche vernichtet wird, und desto geringer daher die Rücksprunghöhe. Die so ermittelten Härtewerte haben keine eigentliche Dimension. Die Rücksprunghöhe für glasharten Stahl wurde von Shore gleich 100 gesetzt und die Skala linear geteilt und bis 140 erweitert.

Ähnlich arbeitet das Duroskop, bei dem jedoch der Fallkörper als Pendelhammer ausgebildet ist.

Skleroskop und Duroskop eignen sich in erster Linie zur Prüfung gehärteter Stähle.

e) Anwendungsbereiche. Vickers- und Brinellprüfung liefern am gleichen Werkstoff praktisch gleiche Härtewerte, wenn die Härte 300 kg/mm² nicht übersteigt. Die Anwendung der einzelnen Verfahren richtet sich nach praktischen Gesichtspunkten. Bis zu Härten von 500 kg/mm² wird die Brinellprüfung angewandt, wenn die Teile unsaubere Oberflächen haben (Halbzeuge, Schmiedestücke) oder große Kugeleindrücke (bis zu 5 mm Durchmesser) zulässig sind. Die Vickersprüfung hinterläßt bedeutend kleinere Eindrücke, erfordert jedoch sorgfältigste Vorbereitung der Prüffläche. Bei Härten über 500 kg/mm² kommt die einfach durchzuführende Rockwellprüfung zur Anwendung, wenn die zu messende Härteschicht tiefer als 0,3 mm ist. Bei kleineren Härteschichttiefen als 0,3 mm muß nach der Vickersmethode mit kleinen Lasten gearbeitet werden.

Den zahlenmäßigen Zusammenhang der drei Verfahren untereinander zeigen die Abb. 3 u. 4.

Es ist klar, daß die vom Konstrukteur mit Bezug auf ein Bauteil beabsichtigte und vorgeschriebene Härte im Betrieb dann auch eingehalten und kontrolliert werden muß. Auch müssen einwandfreie Vergleiche von Härteangaben zwischen einzelnen Firmen durchgeführt werden können. Das ist nur möglich, wenn die Härtemeßgeräte, die Eindringkörper und die Prüfplatten in Ordnung sind.

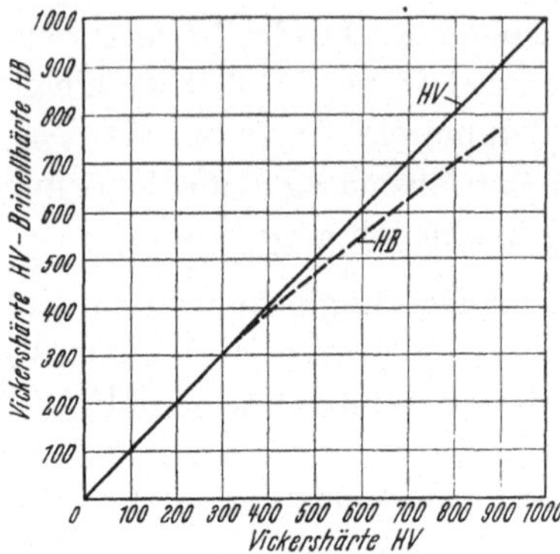

Abb. 3. Zusammenhang zwischen Brinell- und Vickershärte.

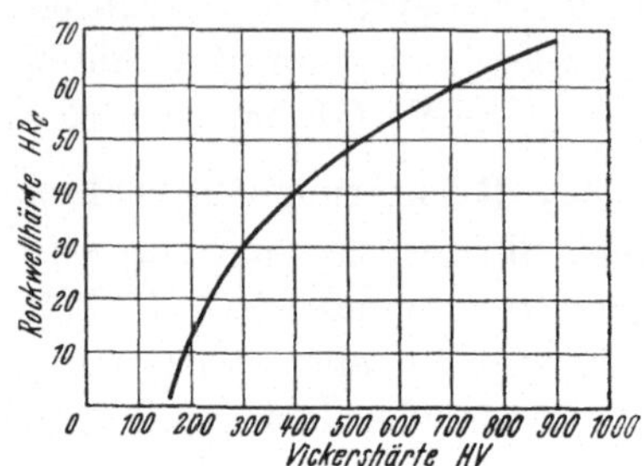

Abb. 4. Zusammenhang zwischen Rockwell- und Vickershärte.

f) Normbezeichnungen. Die Normbezeichnung für die *Brinellhärte* ist HB. Zur Zeit ist das Normblatt DIN 50351 vom Oktober 1942 gültig. Zweckmäßig ist es, die Prüfbedingungen auch auf der Zeichnung anzugeben. Beispielsweise bedeutet die Angabe HB 10/5 — 25 = 400 kg/mm²: Brinellhärte 400, ermittelt bei einer Prüflast von $10 D^2 = 10 \times 5^2 = 250$ kg mit einer Kugel vom Durchmesser $D = 5$ mm bei 25 s Belastungsdauer. Die Prüflast ist so zu wählen, daß der Durchmesser des Kugeleindrucks d zwischen 0,2 bis $0{,}5\,D$ liegt.

Die normenmäßige Bezeichnung der *Vickershärte* ist HV. Das z. Z. gültige Normblatt ist DIN 50133 vom Februar 1940. Die frühere Bezeichnung „Pyramidenhärte" HP gilt nicht mehr.

Als Normbezeichnung für die *Rockwellhärte* gilt HRc, für die Prüfung mit Kegel 120° (c = Konus) und HRb für die Prüfung mit Kugel $^1/_{16}$″ (b = ball). Das z. Z. gültige Normblatt ist DIN-Vornorm 50103 vom Mai 1942. Die frühere Bezeichnung „Diamant-Vorlast-Härte" HvD gilt nicht mehr. Eine Angabe der Prüflast ist nicht erforderlich, denn die Prüflasten sind genormt mit 150 kg für HRc und mit 100 kg für HRb. Für die Anwendungsfälle der Rockwellprüfung siehe VDI-Arbeitsblatt 3050 „Leitsätze für die betriebsmäßige Härteprüfung gehärteter und hochvergüteter Bauteile".

1,5. Härte und Festigkeit.

Unter der Festigkeit eines Bauteils versteht man seine Fähigkeit, ihm von außen her aufgezwungene Beanspruchungen zu ertragen. An mechanischen Beanspruchungen gibt es bei Stahl grundsätzlich vier verschiedene Arten: Zug, Druck, Biegung und Verdrehung. Jede dieser Beanspruchungsart kann für sich allein oder mit anderen zusammen auftreten. Auch kann die Beanspruchung ruhend (statisch) oder schwingend (dynamisch) wirken.

Alle diese Beanspruchungsarten und jede ihrer Wirkungsmöglichkeiten, die begrifflich dem geübten Konstrukteur geläufig sind, sind bei den meisten Bauteilen der Berechnung zugänglich und erfahren ihre einheitliche Kennzeichnung durch die Spannung (in kg/cm^2 oder kg/mm^2). Komplizierte Bauteile können oft nicht berechnet werden. Die in ihnen wirkende Beanspruchung wird durch Spannungsmessungen ermittelt.

a) Ruhende Beanspruchung, Zugfestigkeit und Streckgrenze. Die ruhend wirkende Beanspruchung ist dadurch gekennzeichnet, daß eine dem Bauteil aufgezwungene Last nach Größe und Richtung gleichmäßig und unverändert bleibt und die infolgedessen das Bauteil ebenso beansprucht. Ist die Beanspruchung größer, als sie das Bauteil zu ertragen imstande ist, dann bricht es. Die beim Bruch herrschende Spannung ist gleichbedeutend mit seiner Bruchfestigkeit, die man auch kurz Festigkeit nennt. Bei ruhender (statischer oder zügiger) Beanspruchung unterscheidet man demgemäß zwischen Zugfestigkeit, Druckfestigkeit, Biegefestigkeit und Verdrehfestigkeit (Torsion).

Für die Praxis ist die Zugfestigkeit (σ_B) am wichtigsten. Sie wird mit Hilfe des Zugversuchs an Probestäben ermittelt, der das sogenannte Spannungs-Dehnungs-Diagramm (s. Abb. 9) liefert, aus welchem die zur Beurteilung und Auswahl eines Werkstoffs notwendigen Kennwerte (Zugfestigkeit, Streckgrenze, Elastizitätsgrenze, Bruchdehnung, Elastizitätsmodul und Einschnürung) abgeleitet werden können. Die Zugfestigkeit ist die höchste, auf den ursprünglichen Querschnitt bezogene Spannung. Sie wird in erster Linie zur Kennzeichnung der Werkstoffe verwendet.

Vielfach wird die Zugfestigkeit auch für die Bemessung statisch beanspruchter Bauteile zugrunde gelegt. Hierbei darf jedoch nicht übersehen werden, daß dem Bruch unzulässig hohe, bleibende Verformungen vorausgehen, so daß bei der Wahl zu kleiner Sicherheitsfaktoren das Bauteil seine ursprüngliche Form verliert. Aus diesem Grunde ist die Zugfestigkeit als Grundlage für die Berechnung von Bauteilen wenig geeignet. Nur bei durchgehärteten oder sehr hoch vergüteten Stählen ($\sigma_B > 140\ kg/mm^2$) ist das Zugrundelegen von σ_B berechtigt. In diesem Fall muß jedoch beachtet werden, daß in Kerben und Querschnittsübergängen (s. Abb. 8) Spannungsspitzen, d. h. über der rechnerisch ermittelten Nennspannung liegende Spannungen auftreten, die von Stählen mit sehr hoher Zugfestigkeit nicht abgebaut werden können, weil in ihnen keine größeren Verformungen vor dem Bruch auftreten. Normale Bau- und Vergütungsstähle sind dagegen bei statischer Beanspruchung Kerben gegenüber unempfindlich. Die geeignetste Grundlage für die Bemessung ist die Streckgrenze ($\sigma_{0,2}$). Sie ist diejenige Spannung, bei der eine bleibende Verformung von 0,2% auftritt. Erst oberhalb von $\sigma_{0,2}$ werden die bleibenden Verformungen unzulässig hoch.

Zwischen Härte und Zugfestigkeit gibt es keine allgemein gültige Beziehung. Wenn auch die Brinell- und die Vickershärte die gleiche Dimension haben wie die Zugfestigkeit (kg/mm²), so handelt es sich doch um verschiedene Kennwerte des Werkstoffs. Härte und Zugfestigkeit eines Werkstoffs sind nicht dasselbe, und sie sind auch durch keine zwangsläufige Gesetzmäßigkeit miteinander verbunden.

Die Erfahrung zeigt jedoch, daß bei einigen Werkstoffen die Zugfestigkeit aus der Brinellhärte mit Hilfe eines Umrechnungsfaktors gefunden werden kann.

Für C-Stahl und C-Stahlguß geglüht ($\sigma_B = 30 - 80\ \mathrm{kg/mm^2}$) ist

$$\sigma_B \approx 0{,}36\ \mathrm{HB}.$$

Für Cr-Ni-Stahl geglüht ($\sigma_B = 65 - 100\ \mathrm{kg/mm^2}$) ist

$$\sigma_B \approx 0{,}34\ \mathrm{HB}.$$

Für Gußeisen ist

$$\sigma_B \approx 0{,}1\ \mathrm{HB}.$$

Für durchgehärtete und an der Oberfläche gehärtete Stähle gibt es keine feste Beziehung zwischen Härte und Zugfestigkeit.

b) Schwingungsbeanspruchung und Dauerfestigkeit. Es gehört zu den wichtigsten Aufgaben des Konstrukteurs, die Einzelteile der von ihm entworfenen Maschinen und Geräte so zu gestalten, daß sie die ihnen zugemuteten Beanspruchungen mit Sicherheit ertragen. Praktisch bedeutet das, daß er an Hand der auf das Bauteil wirkenden Kräfte und Momente unter Anwendung der üblichen Methoden der Festigkeitsrechnung die im Bauteil wirkenden Spannungen berechnet und diese mit den zulässigen Spannungen vergleicht. Diese zulässigen Spannungen findet er im allgemeinen in den einschlägigen Ingenieur-Taschenbüchern, welche für die Fälle der statischen Beanspruchung ausreichend genaue Angaben darüber enthalten. Die Bauteile von Maschinen und Fahrzeugen sind aber meistens nicht einer ruhenden Belastung ausgesetzt, sondern sie werden im Betrieb mehr oder weniger periodisch belastet und entlastet, also schwingungsbeansprucht.

Hinsichtlich der Berechnung von schwingungsbeanspruchten Teilen sind in den letzten 30 Jahren beachtliche Fortschritte erzielt worden. Aus der Beobachtung heraus, daß trotz genauester Beachtung aller Faktoren, die bei der Berechnung, bei der Konstruktion und in der

Fertigung wichtig sind, beim Dauerbetrieb von Maschinen Brüche auftraten, wurden von der Werkstoffseite her Erkenntnisse gewonnen, die zu einer neuen Gestaltungslehre führten. Es wurde der Begriff der Dauerfestigkeit geschaffen, welche die Abhängigkeit der Bauteilfestigkeit von der Gestalt, der Oberflächengüte und der Warmbehandlung berücksichtigt.

Brüche, die durch Überlastung infolge Schwingungsbeanspruchung auftreten, nennt man Dauerbrüche oder Ermüdungsbrüche. Im Gegensatz dazu spricht man von Gewaltbruch, wenn ein Teil infolge einer schlagartigen Beanspruchung bricht. Es wird geschätzt, daß etwa 80% aller vorkommenden Brüche Ermüdungsbrüche und 20% Gewaltbrüche sind.

Bei der Schwingungsbeanspruchung verändert sich die Spannung dauernd. Sie wechselt zwischen einer oberen und unteren Grenzspannung. Man stellt dies im allgemeinen so dar, daß man eine ruhende Mittelspannung (Vorspannung) annimmt, der sich eine Wechselspannung überlagert (Abb. 5). Als Dauerfestigkeit bezeichnet man diejenige Wechselspannung, die von einem Stahlteil gerade noch ertragen wird, ohne daß es bricht. Dabei spricht man von Dauerfestigkeit, wenn sie an Probestäben ermittelt wird und von Dauerhaltbarkeit, wenn sie sich auf ganze Bauteile bezieht. Stahlteile sind im allgemeinen als dauerfest zu betrachten, wenn sie bei gegebener Beanspruchung mindestens 2 Millionen Lastwechsel ertragen haben, ohne zu brechen. Die Feststellung dieses Sachverhalts erfolgt durch Dauerversuche, deren Ergebnisse sich in der Wöhlerkurve (Abb. 21) ausdrücken lassen. Wird ein Bauteil so dimensioniert, daß seine Lebensdauer absichtlich begrenzt wird, indem es nach einer bestimmten Lastwechselzahl brechen darf, so spricht man von Zeitfestigkeit. Die der Zeitfestigkeit zugeordnete Lastwechselzahl zeigt die Wöhlerlinie. Die Schadenslinie gibt das Gebiet der gefahrlosen Überlastbarkeit bei geringeren Lastwechselzahlen an. Sie zeigt an, wie hoch und wie lange ein Konstruktionsteil belastet werden kann, ohne daß die Dauerfestigkeit herabgesetzt wird.

Einen Überblick über die Dauerfestigkeitswerte eines Stahls bei den einzelnen Beanspruchungsarten und über ihre Abhängigkeit von der Vorspannung zeigt das Dauerfestigkeitsschaubild gemäß Abb. 5. Darin gibt die 45°-Linie die statische Vorspannung (Mittelspannung) an. Die dick ausgezogenen Linien über und unter der 45°-Linie zeigen die obere und untere Grenzspannung. Ist die Vorspannung Null, so nennt man die Dauerfestigkeit Wechselfestigkeit oder Schwingungsfestigkeit. Den höchsten Wert hat die Biegewechselfestigkeit (σ_{wb}), dann folgt kleiner die Zug-Druck-Wechselfestigkeit (σ_w) und noch kleiner die Verdrehwechselfestigkeit (τ_w). Ist die untere Grenzspannung Null, dann heißt die Dauerfestigkeit Schwellfestigkeit oder Ursprungsfestigkeit.

Vollständige Dauerfestigkeitsschaubilder sind bisher nur für wenige Stahlsorten aufgestellt worden. Abb. 5 zeigt ein Kurzverfahren, mit dem aus den stets bekannten Werkstoffkennwerten Zugfestigkeit, Streckgrenze und Wechselfestigkeit die Dauerfestigkeitsschaubilder für jeden Vergütungsstahl und jede Vergütungsstufe angenähert aufgezeichnet werden können. Von den auf die Ordinate aufgetragenen Punkten der Wechselfestigkeit werden gerade Linien zu einem auf der 45°-Linie (Mittellinie) liegenden Punkt gezogen, der dem 1,5fachen Wert der Zugfestigkeit entspricht. Für Zug-Druck-Beanspruchung wird hierbei die Zug-Druck-Wechselfestigkeit und für Biegebeanspruchung die Biegewechselfestigkeit zugrunde gelegt. Die Linien werden an der Streckgrenze abgeschnitten, da höhere Beanspruchungen zu unzulässig hohen bleibenden Verformungen führen würden. Bei Biegebeanspruchung verformen sich zwar zunächst nur die äußeren Fasern bleibend, wenn die Streckgrenze überschritten wird. Es treten deshalb merkbare bleibende Verformungen des gesamten Bauteiles erst bei Nennspannungen auf, die über der Streckgrenze liegen, so daß das Schaubild für Biegung noch für etwas höhere Werte verwendet werden könnte. Da diese Erhöhung der Grenze für bleibende Verformungen jedoch in erster Linie von der Gestalt und Querschnittsgröße abhängt, wird hier auch das Dauerfestigkeitsschaubild für Biegung an der $\sigma_{0,2}$-Grenze abgeschnitten. Das Dauerfestigkeitsschaubild für Verdrehung entsteht aus zwei parallel zur Mittellinie liegenden Geraden, die von den Ordinatenpunkten der Verdrehwechselfestigkeit aus gezogen werden. Das Schaubild wird mit der Verdrehstreckgrenze $\tau_{0,2}$ abgeschnitten. Für

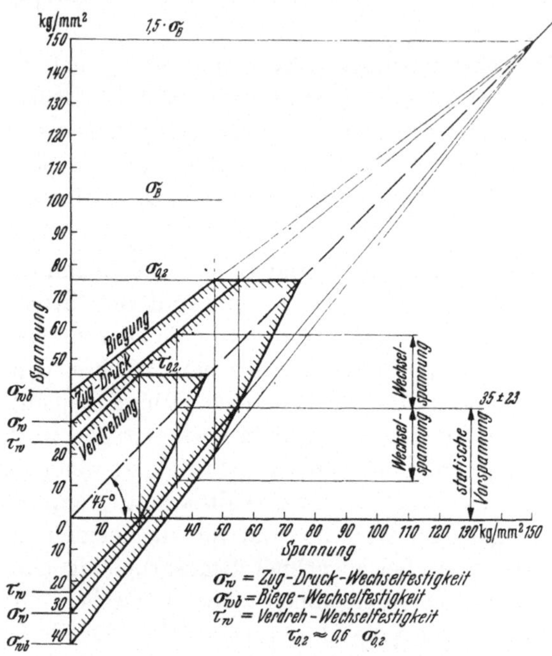

Abb. 5. Konstruktion eines Dauerfestigkeitsschaubildes.

große Querschnitte gilt $\tau_{0,2} \approx 0{,}6 \cdot \sigma_{0,2}$. Auch bei Verdrehung kann der Grenzwert für merkbare bleibende Verformungen des gesamten Bauteiles je nach Querschnittsgröße und -form oberhalb $\tau_{0,2}$ liegen.

Zwischen der Zugfestigkeit und der praktisch am meisten benutzten Biegewechselfestigkeit besteht für Stahl annähernd die Beziehung

$$\sigma_{wb} \approx 0{,}45\,\sigma_B .$$

Dieser Wert ist ein mittlerer Richtwert. Er ist durch Dauerversuche an glatten Probestäben ermittelt worden. Die danach errechnete Dauerfestigkeit darf jedoch nicht ohne weiteres der Bemessung von Bauteilen zugrunde gelegt werden. Es müssen noch einige Faktoren berücksichtigt werden, die die Dauerfestigkeit ganz wesentlich beeinflussen[1]. Zu den dauerfestigkeitsvermindernden Faktoren gehören die Kerbwirkung (bei Kerben, Querbohrungen und Querschnittsübergängen), die Oberflächenbeschaffenheit und die Bauteilgröße. Dauerfestigkeitssteigernd wirkt dagegen die Oberflächenhärtung.

Durch richtiges Oberflächenhärten wird immer eine Erhöhung der Dauerfestigkeit erzielt. Die Ursache dafür liegt darin, daß durch das Oberflächenhärten in der Randschicht Druckeigenspannungen entstehen, welche den Zugspannungsspitzen entgegenwirken, diese also abbauen. Die Erhöhung hängt ab von der Spannungsverteilung, d. h. von der Gestalt und von der Tiefe der Härteschicht. Die maximal erreichbare Steigerung der Dauerfestigkeit liegt z. B. bei der Einsatzhärtung zwischen 30 und 50%, bei der Nitrierhärtung zwischen 50 und 70%.

Grundsätzlich ist beim Konstruieren und in der Fertigung darauf zu achten, daß im bruchgefährdeten Gebiet eine zusammenhängende, nicht unterbrochene Härteschicht vorhanden ist. Auf keinen Fall dürfen Härteschichten in Querschnittsübergängen auslaufen. Querbohrungen müssen mitgehärtet werden. Besonders wichtig ist, daß die Oberflächengüte bei oberflächengehärteten Teilen praktisch ohne Einfluß auf die Dauerfestigkeit ist. Während z. B. Bearbeitungsriefen in nicht oberflächengehärteten Teilen die Dauerfestigkeit sehr herabsetzen, ist das bei oberflächengehärteten Teilen nicht der Fall. Es ist zu beachten, daß sich die Erhöhung der Dauerfestigkeit durch Oberflächenhärten nur auf die Wechselspannung auswirkt. Die statische Vorspannung wird davon nicht berührt.

Mitunter kommt es vor, daß Teile, die sonst regelmäßig dauerbeansprucht werden, gelegentliche Schläge ertragen müssen (Belastungscharakteristik in Abb. 20). Beispiele dafür sind Turbinenschaufeln und Schiffsschrauben. Als Maßstab für die Widerstandsfähigkeit dagegen dient die aufnehmbare Verformungsarbeit.

---

[1] S. E. F. Göbel u. W. Marfels: Bestimmung der zulässigen Spannungen dauerbeanspruchter Baustähle. Konstr., Bd. 3 (1951) S. 381.

1,6. Der Begriff der Zähigkeit.

Ein wichtiger Begriff bei der Beurteilung werkstofflicher Fragen ist der der Zähigkeit. Ungenaue Definitionen und Vorstellungen führen gerade in dieser Frage häufig zu Fehlentscheidungen.

Zähigkeit ist das Vermögen eines Werkstoffes, sich bleibend zu verformen. Man spricht auch vom plastischen Formänderungsvermögen. Mit dem Begriff der Zähigkeit verbindet man die Vorstellung einer großen Widerstandsfähigkeit gegen Schlagbeanspruchung. Unterstützt wird diese Vorstellung durch den in der Werkstoffprüfung häufig angewandten Kerbschlagversuch, von dem die Dimension mkg/cm² (Schlagarbeit/Querschnitt) für die Kerbzähigkeit abgeleitet worden ist. Tatsächlich besteht ein — nicht ausschließlicher — Zusammenhang zwischen der Zähigkeit eines Werkstoffes und der aufnehmbaren Schlagarbeit.

Schlag entsteht, wenn ein bewegter Körper mit seiner kinetischen Energie (oder Wucht) auf einen anderen Körper auftrifft. Er darf nicht mit schnell anwachsenden Kräften verwechselt werden. Die Vorgänge im Verbrennungsraum einer Verbrennungskraftmaschine erzeugen keine Schlagbeanspruchung der Kolben, Kolbenbolzen, Pleuel und Zylinder, sondern sehr schnell anwachsende Kräfte. Erst bei großem Spiel der Triebwerksteile kommt eine Schlagbeanspruchung hinzu. Das Bauteil wandelt nun bei Schlagbeanspruchung kinetische Energie in potentielle Energie um, indem es die Energie in Art einer Feder aufspeichert — oder setzt sie in Wärme um, indem es sich bleibend verformt. Das ist nur möglich, wenn das Bauteil nachgibt, so daß sich das Produkt Kraft × Weg ausbilden kann. Verformungen des Bauteils bedeuten Verformungen des Werkstoffs, die elastisch und plastisch sein können.

Ein Bauteil kann unter Umständen sehr gut Schläge aufnehmen, auch wenn der Werkstoff nicht zäh ist, besonders wenn die Konstruktion gerade im Hinblick auf diesen Zweck ausgebildet ist. So ist z. B. die Verformungsarbeit einer Schraubenfeder und damit die von ihr aufnehmbare Schlagarbeit erheblich. Der Federstahl aber besitzt eine sehr geringe Zähigkeit. Der Schlag wird rein elastisch aufgenommen.

Der Zusammenhang zwischen Zähigkeit und der vom Werkstoff aufnehmbaren spezifischen Verformungsarbeit — d. h. der Arbeit je Volumeneinheit — geht aus dem Spannungs-Dehnungs-Diagramm hervor. Die Fläche unter dem Diagramm stellt die „spezifische Formänderungsarbeit" eines Werkstoffs dar. Abb. 6 zeigt die Spannungs-Dehnungs-Diagramme verschieden zäher Stähle. Die spezifische Formänderungsarbeit hängt in erster Linie von der Bruchdehnung, d. h. also von dem bleibenden Formänderungsvermögen ab. Trotz seiner doppelt so großen Zugfestigkeit ist die spezifische Formänderungsarbeit von

Stahl 1 nur $^1/_7$ der von Stahl 3. Ein Bauteil aus Stahl 3 wird folglich eine erheblich größere Verformungsarbeit aufnehmen können als ein gleiches Bauteil aus Stahl 1.

Die Fähigkeit eines Werkstoffs, sich bleibend zu verformen, hängt in starkem Maße von der Belastungsgeschwindigkeit, der Gestalt, der Belastungsart und der Temperatur ab. Sinn des Kerbschlagversuches ist es, festzustellen, ob bei der durch den Schlag hervorgerufenen hohen Belastungsgeschwindigkeit und der ungünstigen Gestalt der gekerbten Probe der Werkstoff noch in der Lage ist, sich bleibend zu verformen. Ist er dazu nicht mehr fähig, so tritt ein spröder Bruch (ein sogenannter Trennungsbruch) ein, und die von der Probe aufgenommene Schlagarbeit (Kerbzähigkeit) fällt sehr stark ab. Diese Versuche werden oft bei verschiedenen Temperaturen durchgeführt, um festzustellen, bei welchen Temperaturen der Abfall der Kerbzähigkeit eintritt (Abb. 7). Jeder Stahl zeigt diesen Abfall. Je niedriger die Temperaturen sind, bei denen er liegt, desto geringer ist die Neigung des Werkstoffs zum Trennungsbruch. Der Kerbschlagversuch liefert also kein absolutes Maß für die Zähigkeit, sondern er gibt Auskunft über das Vermögen des Werkstoffs, sich unter ganz bestimmten, scharfen Bedingungen bleibend zu verformen.

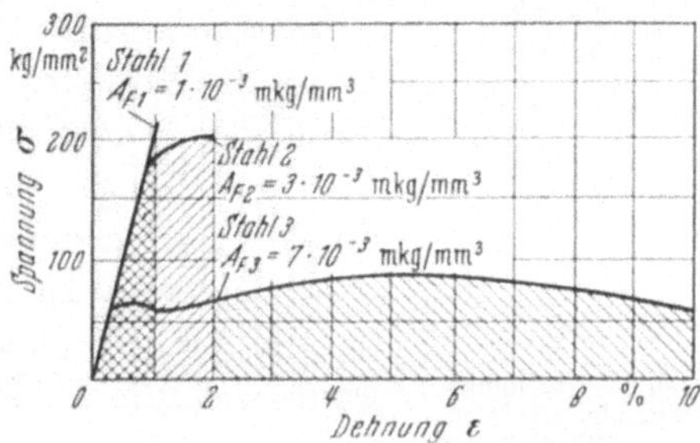

Abb. 6. Formänderungsarbeit verschiedener Stähle.

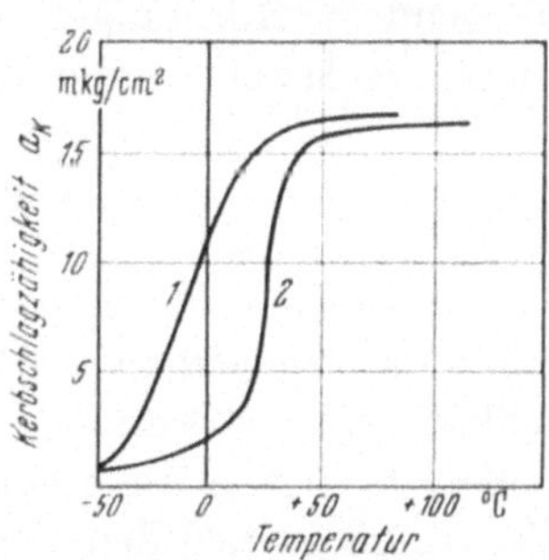

Abb. 7. Kerbschlagzähigkeit in Abhängigkeit von der Temperatur. Stahl 1 mit geringerer Neigung zum Trennungsbruch als Stahl 2.

Die bleibenden Verformungen des Werkstoffs brauchen sich nicht immer dahin auszuwirken, daß das gesamte Bauteil meßbare bleibende Verformungen aufweist und dadurch unbrauchbar wird. Die Zähigkeit ist gerade dort von Bedeutung, wo örtlich begrenzte, bleibende Verforformungen auftreten und dadurch die Haltbarkeit des Bauteiles erhöht wird. Im Querschnittsübergang eines Stabes nach Abb. 8 z. B. bilden sich Spannungsspitzen aus. Hätte der Werkstoff überhaupt keine Zähigkeit, so träte ein Bruch ein, wenn die Spitze die Zugfestigkeit erreicht hat. Durch das Vermögen des Werkstoffs, sich bleibend zu verformen (eben durch seine Zähigkeit), wird die Spannungsspitze abgebaut, wenn sie die Streckgrenze überschreitet. Die Spannungsverteilung wird gleichmäßiger und kurz vor dem Bruch praktisch eine Gerade. Die von dem Stab ertragene Last ist also wesentlich höher. Diese bleibenden Verformungen in der Randzone des Querschnittsübergangest sind am Bauteil praktisch nicht oder nur in geringem Maße meßbar, da sie nur örtlich auftreten.

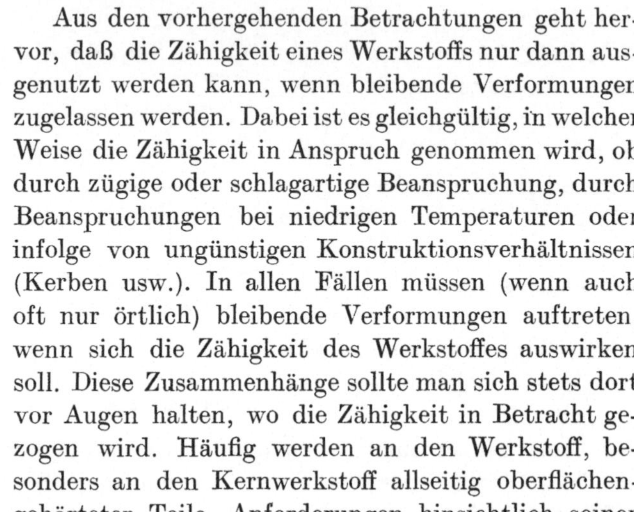

Abb. 8. Spannungsverteilung in Querschnittsübergängen: a) Spannungsverteilung bei rein elastischer Verformung; b) Spannungsverteilung bei elastisch-plastischer Verformung; c) Spannungsspitze.

Aus den vorhergehenden Betrachtungen geht hervor, daß die Zähigkeit eines Werkstoffs nur dann ausgenutzt werden kann, wenn bleibende Verformungen zugelassen werden. Dabei ist es gleichgültig, in welcher Weise die Zähigkeit in Anspruch genommen wird, ob durch zügige oder schlagartige Beanspruchung, durch Beanspruchungen bei niedrigen Temperaturen oder infolge von ungünstigen Konstruktionsverhältnissen (Kerben usw.). In allen Fällen müssen (wenn auch oft nur örtlich) bleibende Verformungen auftreten, wenn sich die Zähigkeit des Werkstoffes auswirken soll. Diese Zusammenhänge sollte man sich stets dort vor Augen halten, wo die Zähigkeit in Betracht gezogen wird. Häufig werden an den Werkstoff, besonders an den Kernwerkstoff allseitig oberflächengehärteter Teile, Anforderungen hinsichtlich seiner Zähigkeit gestellt, die unbegründet sind, da größere bleibende Verformungen aus den in Abschn. 4,4 dargelegten Gründen nicht zugelassen werden dürfen.

1,7. Härte und Verschleiß.

Es ist sicher noch nicht allgemein genug bekannt, welch ungute Rolle der Verschleiß in der Technik spielt. Nach Angaben der Verschleißfachleute wandern jährlich etwa 10000 t Stahl allein als Verschleißstaub von Ackergeräten in den deutschen Ackerboden, und der Verschleiß in der deutschen Zementindustrie erfordert jährlich etwa 30000 t Stahl und Eisen. Rechnet man noch die Verschleißverluste im Maschinen-, Fahrzeug- und Gerätebau hinzu, so ergibt sich, daß der Schaden durch mechanischen Verschleiß jährlich mehrere Milliarden DM unseres Volksvermögens verschlingt.

Unter diesem Aspekt gesehen gewinnt die Oberflächenhärtung als Mittel zur Verschleißabwehr erst ihre volle Bedeutung. Sie gehört zu den wichtigsten Maßnahmen, die geeignet sind, dem Verschleiß gleitender oder rollender Teile wirksam zu begegnen. Dabei ist es so, daß in dem Begriff Verschleiß eine große Anzahl von verschiedenartigen mechanischen und chemischen Vorgängen zusammengefaßt ist. Man kann daher den Verschleiß nicht in einer Zahl ausdrücken wie etwa die

Härte oder die Zugfestigkeit, sondern man ist bis heute noch darauf angewiesen, die im Einzelfall jeweils vorliegenden Verschleißverhältnisse durch Versuche zu ermitteln. Sehr wichtig ist dabei natürlich, ob die Verschleißbewegung trocken oder geschmiert vor sich geht.

Man unterscheidet folgende Arten und Erscheinungen des Verschleißes (nach NIEMANN):

1. Gleitverschleiß (bei Gleitlagern, Gleitführungen, Zahnrädern, Rutschen, Brechern, Pflugscharen und sonstigen Bearbeitungswerkzeugen),
2. Wälzverschleiß (bei Wälzlagern, Laufrädern, Nocken, Zahnrädern),
3. Strahlverschleiß (bei Düsen, Turbinen, Rohrkrümmern),
4. Sogverschleiß (Kavitation bei Wasserturbinen).

Beim Gleitverschleiß können außer Aufrauhungen und feinem Abrieb noch plastische Verformungen, Riefenbildungen, Rattermarken und (bei Trockengleitverschleiß) „Fressen" auftreten. Beim Wälzverschleiß können plastische Verformungen und Anrisse, Ausbröckelungen (Grübchen, pittings) und Abblätterungen, Narbungen und Einpressungen von Fremdkörpern auftreten, während beim Strahl- und Sogverschleiß vor allem Auswaschungen, Auskolkungen und Lochbildungen zu beobachten sind. Sehr unangenehm sind Verschleißvorgänge, die sich unter der Einwirkung von Sauerstoff vollziehen (Reiboxydation). Sie sind vielfach der Ausgang von Dauerbrüchen.

Für den Konstrukteur ist es wichtig zu wissen, daß beim Auftreten solcher Erscheinungen die Lebensdauer, die Leistungsfähigkeit und die Präzision der Maschinen sehr herabgesetzt werden. Auch Maschinenausfälle und Unfälle können dadurch entstehen, sowie erhöhter Lärm, Erwärmung und Energiemehrverbrauch.

Zwischen Härte und Verschleiß bestehen bestimmte Beziehungen. Man ist deshalb bemüht, diese Beziehungen genauer zu erforschen. Die bisherigen Ergebnisse lassen erkennen, daß man in manchen Fällen von der Härte (gemessen beim statischen Eindruckversuch nach Vickers, Brinell oder Rockwell) auf das Verschleißverhalten schließen kann. Allgemein anwendbare Werte können dem Konstrukteur bis heute aber noch nicht in die Hand gegeben werden. Als Richtwert kann die Feststellung dienen, daß der Verschleiß bereits entscheidend verringert wird, wenn die auf Verschleiß beanspruchte Oberfläche eine Härte von 60 Rockwelleinheiten besitzt.

2. Zweck der Oberflächenhärtung.

Die Oberflächenhärtung hat den Zweck, Maschinenbauteile aus Stahl gegen Verschleiß oder gegen hohe örtliche Pressung widerstandsfähig zu machen.

Dies geschieht z. B. bei Kugellagern durch Verwendung eines härtbaren Stahls. Dabei wird jedoch das ganze Teil durchgehärtet. Es ist aber nicht immer notwendig und zweckmäßig, das ganze Teil durchzuhärten. Es genügt in vielen Fällen, nur die Oberfläche zu härten, und auch hierbei muß man nicht immer die gesamte Oberfläche hart machen, sondern oft nur bestimmte Stellen.

Darin liegt ein großer Vorteil der Oberflächenhärtung: sie gestattet das Härten abgegrenzter Oberflächengebiete. Auch da, wo gewisse Gebiete eines zu härtenden Bauteils zäh sein müssen — z. B. Stellen, die durch hohe Schlagbeanspruchung gefährdet sind —, ist die Oberflächenhärtung am Platze. Oft wird die Zähigkeit des ganzen Bauteils verlangt und Härte nur an einzelnen Lager- oder Druckstellen. Dies läßt sich nur durch die Oberflächenhärtung erreichen.

Eine weit verbreitete irrtümliche Vorstellung ist es, zu meinen, Zweck der Oberflächenhärtung sei, „weichen Kern mit harter Oberfläche“ zu verbinden, um hohe Zähigkeit und hohe Härte in einem Gebiet eines gehärteten Teiles zu vereinigen. Dort, wo ein Bauteil im ganzen Querschnitt zäh sein soll, muß auch die Oberfläche weich sein. Harte Oberfläche erniedrigt die auswertbare Zähigkeit auf die durchgehärteter Querschnitte (s. Abschn. 4,4).

Ein weiterer Zweck der Oberflächenhärtung ist die Steigerung der Dauerhaltbarkeit von Bauteilen. Sie war ursprünglich nicht das Ziel der Oberflächenhärtung, sondern ergab sich als sekundäre Folge, deren große Bedeutung erst in den letzten Jahren erkannt wurde.

Schließlich vermindert die Oberflächenhärtung die Härterißgefahr. Komplizierte Teile ergeben beim Vollhärten viel Ausschuß durch Härterisse. Bei der Einsatzhärtung z. B. können Härterisse praktisch nicht entstehen.

3. Einteilung der Oberflächen-Härteverfahren.

Es gibt zwei Wege, auf denen ein harter Stahl erzeugt werden kann:

a) Durch Abschrecken eines Kohlenstoffstahls von der Härtetemperatur. Bei genügend großem Kohlenstoffgehalt erhält man Glashärte. Bei geringem Kohlenstoffgehalt werden durch das Härten ebenfalls die Härte und die Festigkeit gesteigert; Glashärte wird jedoch nicht erreicht;

b) als Naturhärte. Diese ergibt sich ohne Abschrecken, wenn im Stahl ein genügend großer Stickstoffgehalt vorhanden ist. Stickstoff bildet Chrom-, Aluminium- und Vanadinnitride. Glashärte wird jedoch nur bei bestimmten Zusammensetzungen erreicht.

Auch die Verfahren der Oberflächenhärtung können nur von diesen natürlichen Gegebenheiten des Stahles hergeleitet werden. Danach wird eine harte Oberfläche bei weichem Kern auf folgende Weise erzielt:

1. Durch Anreicherung der Oberfläche eines nicht härtbaren Stahls mit Kohlenstoff oder eines geeigneten Vergütungsstahls mit Stickstoff. Hierzu gehören:

Einsatzhärtung,
Nitrierhärtung.

2. Verwendung eines härtbaren Stahls. Durch schnelle Erwärmung von der Oberfläche her werden nur die Randschichten auf die Härtetemperatur gebracht. Hierzu gehören:

Induktionshärtung (Erwärmung des Randes durch induzierten Wechselstrom),
Flammenhärtung (Erwärmung durch Flammen hoher Temperatur),
Tauchhärtung (Erwärmung durch ein Salzbad hoher Temperatur).

3. Verwendung eines härtbaren Stahles mit sehr geringem Durchhärtevermögen. Hierzu gehört:

OCe-Härtung (**O**hne-**Ce**mentation-Härtung).

In den folgenden Ausführungen werden alle vorgenannten Verfahren behandelt mit Ausnahme der Tauchhärtung. Die Tauchhärtung ist ein noch wenig angewandtes Verfahren, und es liegen hierüber noch nicht genügend viel Erfahrungen vor. Werkstoffmechanisch ähnelt es der Flammenhärtung. Es ist jedoch noch zu stark an besonders gestaltete Teile gebunden und durch die Verwendung von Hochtemperaturbädern betriebsmäßig schwierig zu beherrschen. Die Entwicklung der Tauchhärtung muß zunächst abgewartet werden, ehe weite Kreise mit ihr vertraut gemacht werden.

4. Festigkeitseigenschaften an der Oberfläche gehärteter Teile.

Alle an der Oberfläche gehärteten Teile besitzen eine Reihe gemeinsamer Eigenschaften. Bevor sich der Konstrukteur für die Oberflächenhärtung eines Werkstücks entscheidet und bevor er die Auswahl eines der zur Verfügung stehenden Verfahren trifft, muß er sich daher Klarheit darüber verschaffen, ob diese gemeinsamen Eigenschaften den vorliegenden Beanspruchungen entsprechen. Es sollen deshalb zunächst die für alle Verfahren geltenden Merkmale besonders herausgestellt werden.

4,1. Eigenschaften der Randschicht.

Die Randschicht an der Oberfläche gehärteter Teile ist durch hohe Härte und sehr geringe Zähigkeit gekennzeichnet. Die Härte liegt je nach Verfahren und Werkstoff zwischen 53 und 70 Rockwelleinheiten (HRc), entsprechend etwa 580 und 1100 kg/mm² Vickershärte (HV). Die Zähigkeit, d. h. das plastische Formänderungsvermögen der durch Abschrecken gehärteten Randschichten ist bei den niedrigen Härten gering und bei den hohen Härtegraden praktisch gleich Null. In Abb. 9 ist das plastische Formänderungsvermögen bei zügiger Beanspruchung an dem Abweichen der σ-ε-Linie von der elastischen Geraden zu erkennen. Abb. 10 zeigt die Abhängigkeit der Bruchdehnung (als Maß für die Zähigkeit bei zügiger Beanspruchung) von der Härte eines Stahles mit 1,0% Kohlenstoffgehalt. Zur Erzielung der verschiedenen Härtegrade wurde der Stahl nach dem Härten verschieden hoch

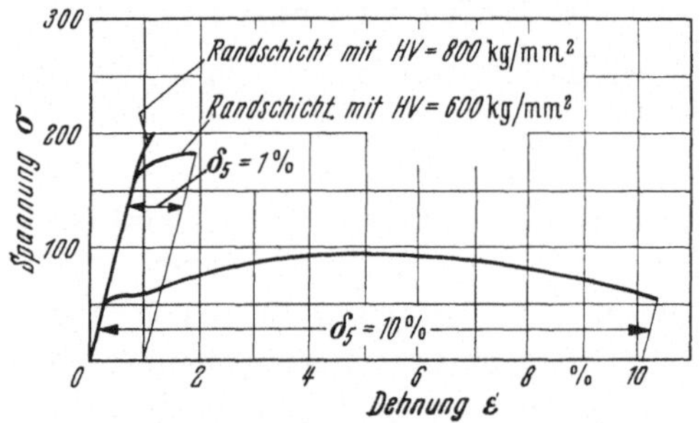

Abb. 9. Prinzipielle Spannungs-Dehnungsdiagramme von gehärteten Randschichten und Kernwerkstoff.

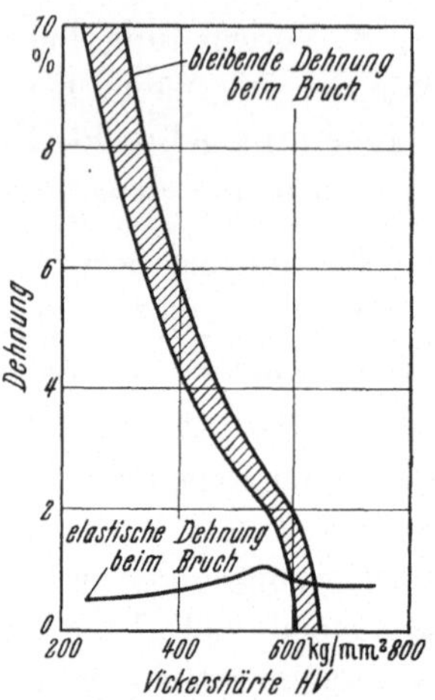

Abb. 10. Bleibende und elastische Dehnung beim Bruch in Abhängigkeit von der Härte eines angelassenen Stahles mit etwa 1% C- und 1% Cr-Gehalt.

angelassen. Dieser Stahl entspricht etwa den Randschichten der im Einsatz gehärteten Teile. Oberhalb 54 HRc ist die Bruchdehnung kleiner als die beim Bruch vorhandene elastische Dehnung.

Noch ungünstiger liegen die Verhältnisse bei Nitrierschichten. Diese besitzen unabhängig von ihrer Härte praktisch überhaupt kein plastisches Formänderungsvermögen mehr.

Ein an der Oberfläche gehärtetes Teil darf also nicht größeren bleibenden Verformungen, wie man sie etwa bei vergüteten Stählen gewöhnt ist, unterworfen werden. Ein Einreißen der spröden Randschicht und damit früher oder später ein Bruch des gesamten Teiles wäre die unvermeidliche Folge. Die größten Dehnungen treten stets in der Randzone auf, so daß bleibende Verformungen eines Bauteiles in besonders starkem Maße die Randschicht beanspruchen. Bereits das Richten an der Oberfläche gehärteter Teile bringt erhebliche Schwierigkeiten mit sich. Grundsätzlich stellt das in der Härterei in weitverbreitetem Maße übliche Richten eine große Gefahr dar. Reißt nämlich die Randschicht an, so ist ein solcher Riß infolge der in Abschn. 4,7 besprochenen Druckeigenspannungen der Schicht mit den üblichen Verfahren der Werkstoffprüfung oft nicht zu erkennen. Selbst das Magnetpulverfahren kann hier vollständig versagen. Im Betrieb bildet dann der Anriß den Ausgangspunkt für unerwartete Brüche. Aber auch wenn kein Anriß auftritt, ändert sich der Eigenspannungszustand ungünstig, so daß die Betriebsfestigkeit des Teiles sinkt.

Hochbeanspruchte, an der Oberfläche gehärtete Werkstücke sollten deshalb grundsätzlich nicht gerichtet werden. Durch sorgfältiges Vorgehen beim Härten und durch entsprechende Gestaltung des Teiles läßt sich in den meisten Fällen der Härteverzug auf ein erträgliches Maß reduzieren.

Werden in Sonderfällen größere Ansprüche an die Zähigkeit der Randschicht gestellt, so muß das Werkstück unter Einbuße an Oberflächenhärte höher angelassen werden (Abb. 10).

Infolge der hohen Härte ist die Randschicht sehr verschleißfest. Allgemein gilt, je höher die Härte, desto höher der Verschleißwiderstand. Selbstverständlich spielt die Art der Beanspruchung eine wesentliche Rolle. Abb. 11 zeigt z. B. die Zunahme der Dauerwalzenfestigkeit mit der Härte unter rein wälzender Beanspruchung, wie sie bei Wälzlagern und im Wälzkreisdurchmesser von Zahnrädern auftritt. Das Gebiet oberhalb einer Brinellhärte HB = 670 kg/mm² (62 HRc) ist hier nicht untersucht worden. Andere Versuche rechtfertigen jedoch die Annahme, daß — mit Ausnahme von Nitrierschichten — oberhalb 62 HRc der Verschleißwiderstand nur noch unwesentlich steigt. Da außerdem die in Abschn. 5,13 angeführten Gründe die Anwendung von Härtegraden über 62 HRc bei gehärteten Teilen im allgemeinen verbieten — Nitrierschichten wieder ausgenommen —, ist diese Frage von zweitrangiger Bedeutung.

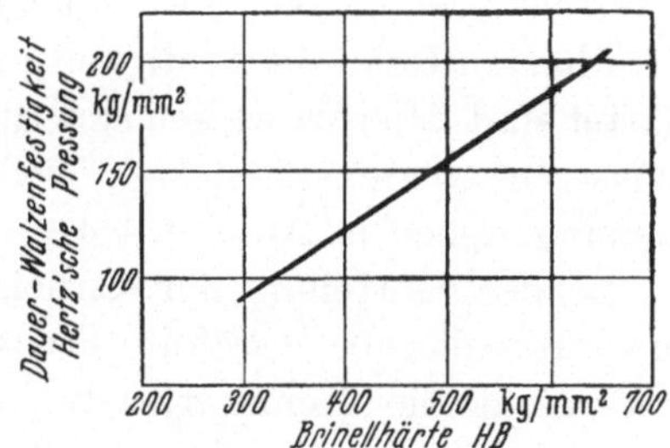

Abb. 11. Dauerwalzenfestigkeit bei rein wälzender Beanspruchung in Abhängigkeit von der Oberflächenhärte. Nach NIEMANN.

4,2. Festigkeitseigenschaften des Kernwerkstoffes.

Die Eigenschaften des Kernes hängen in starkem Maße vom Werkstoff ab. Stets aber ist die Zähigkeit erheblich größer als die der Randschicht (Abb. 9). Die Zugfestigkeit liegt zwischen 50 und 150 kg/mm², entsprechend einer Vickershärte von 140 und 420 kg/mm². Die hierzu gehörenden Bruchdehnungswerte δ_5 liegen größenordnungsmäßig zwischen 20 und 7%, die Kerbschlagzähigkeit zwischen 20 und 5 mkg/cm². Der Kernwerkstoff hat also die Eigenschaften vergüteter Stähle. Bei allen Verfahren (außer der Einsatzhärtung) werden ja auch tatsächlich Vergütungsstähle verwendet, bei denen der Kern durch die Oberflächenhärtung nicht beeinflußt wird. Bei der Einsatzhärtung dagegen findet auch im Kern eine Härtung des Werkstoffes statt. Nur werden dabei infolge des geringen Kohlenstoffgehaltes ($<0{,}2\%$) längst nicht die hohen Härtewerte der Randschicht ($C = 0{,}9\%$) erreicht. Dadurch sinkt aber auch die Zähigkeit nicht in dem Maße ab, so daß der gehärtete Kern zwar nicht metallographisch, jedoch in seinen mechanischen Eigenschaften einem vergüteten Stahl ähnelt. Zu beachten ist, daß die Streckgrenze niedriger liegt als bei einem Vergütungsstahl gleicher Zugfestigkeit.

Die Eigenschaften des Kernwerkstoffs sind in zweifacher Hinsicht von Bedeutung. Erstens bestimmen sie die Betriebsfestigkeit derjenigen Gebiete des Bauteils, die nicht an der Oberfläche gehärtet sind. Alle Eigenschaften wie Streckgrenze, Wechselfestigkeit und Zähigkeit wirken sich in voller Höhe aus, da der gesamte Querschnitt einschließlich der Randzone aus dem gleichen Werkstoff (dem Kernwerkstoff) besteht. Zweitens beeinflussen die Kerneigenschaften im Zusammenwirken mit dem harten Rand die Festigkeit der Gebiete, die an der Oberfläche gehärtet sind. Hierbei wirken sich die Kerneigenschaften in ganz anderer Weise aus wie im ersten Fall, da Rand und Kern in wechselseitiger Beziehung stehen (s. Abschn. 4,4).

Bei der Beurteilung der Kerneigenschaften eines Einsatzstahles muß man stets die obenerwähnte Härtung des Kernes beachten. Es dürfen also nicht die Kennwerte des Einsatzstahles im Ausgangszustand (normalisiert, geglüht oder vergütet), sondern die des „blindgehärteten" Zustandes betrachtet werden. Blindhärten bedeutet, daß die Probe den bei der Einsatzhärtung üblichen Warmbehandlungen unterzogen wurde, wobei das eigentliche Einsetzen in neutralem Pulver, also ohne Aufkohlung des Randes, erfolgte.

4,3. Härteverteilung.

Abb. 12 zeigt die Härteverteilung über den Querschnitt von Teilen, die an der Oberfläche gehärtet sind, wie sie mit allen Verfahren erreicht werden kann. Die Härte behält bis zu einer gewissen Tiefe ungefähr den gleichen Wert wie an der Oberfläche und fällt dann zunächst steil ab, um schließlich allmählich auf den Wert der Kernhärte abzuklingen. Das Gebiet des Härteabfalles ist die Übergangszone. Die Härteschichttiefe wird im allgemeinen bis zur Mitte der Übergangszone gemessen.

Werden bei der Flammen- und Induktionshärtung Stähle verwendet, die auf höhere Festigkeit vergütet worden sind, so bildet sich zwischen Übergangszone und Kernwerkstoff infolge Anlaßwirkung ein Minimum aus, wobei die Härte unter den Wert des Kernwerkstoffes sinkt (Abb. 13, Näheres bei den einzelnen Verfahren Abschn. 5,3 u. 5,4).

Eine derartige Härteverteilung ist besonders bei dauerbeanspruchten Teilen unerwünscht, da hier die höchstbeanspruchten Gebiete vielfach dicht unterhalb der Härteschicht liegen (Abschn. 4,7 und Abb. 24) und damit in das Gebiet des Härteminimums fallen. An vielen Bauteilen und Prüfstäben konnte der Dauerbruchausgang dicht unterhalb der Härteschicht im Bruchbild einwandfrei erkannt werden (Abb. 14). Genauere Untersuchungen über den Einfluß eines Härteminimums unter der harten Randschicht stehen noch aus. Wenn auch über den quantitativen Einfluß noch nichts Näheres bekannt ist, so sollte aber doch die Ausbildung einer derartigen Härteverteilung beachtet werden.

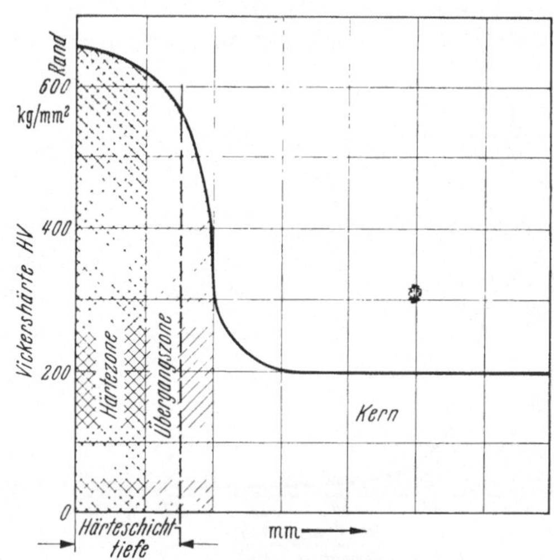

Abb. 12. Normale Härteverteilung über den Querschnitt von Teilen mit gehärteter Oberfläche.

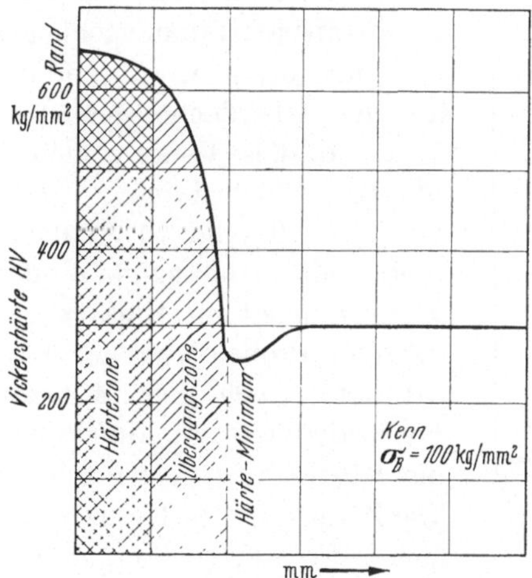

Abb. 13.
Härteverteilung mit ausgeprägtem Minimum.

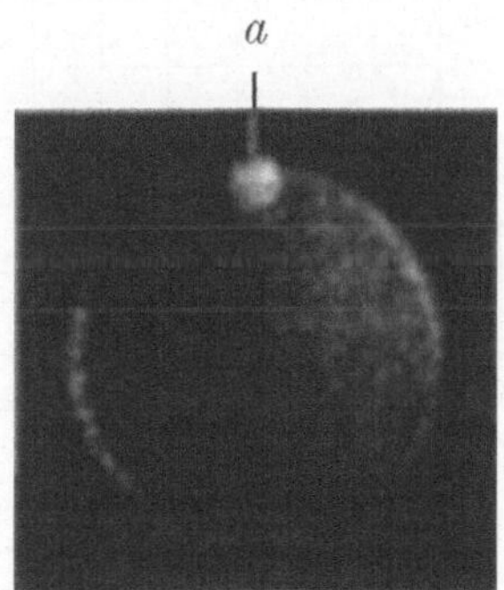

Abb. 14.
Dauerbruchfläche eines im Einsatz gehärteten Umlaufbiegestabes. Durchmesser = 6 mm; Werkstoff: 16MnCr5; Einsatztiefe = 0,5 mm. Bruchausgang punktförmig dicht unterhalb der Einsatzschicht bei *a*.

4,4. Zusammenwirken von zähem Kern und harter Oberfläche.

Allgemein lautet die Antwort auf die Frage, warum ein Werkstück an der Oberfläche gehärtet wird, etwa folgendermaßen: „Es sollen die Vorzüge einer harten Oberfläche mit denen eines zähen Werkstoff s vereinigt werden." Man stellt sich dabei vor, daß durch den zähen Kern das gesamte Bauteil trotz seiner hohen Oberflächenhärte ein hohes Maß an Zähigkeit behält. Zum Beweis dieser Anschauung werden z. B. zwei Wellen verglichen, von denen die eine durchgehärtet und die andere an der Oberfläche gehärtet ist. Im Biegeversuch läßt sich die an der Oberfläche gehärtete Welle um ein Vielfaches gegenüber der durchgehärteten verformen. Abb. 15 zeigt die Ergebnisse derartiger Biegeversuche. 100% Einsatzquerschnitt entspricht der durchgehärteten Probe. Der Bruchbiegewinkel, d. h. die bleibende Verformung beim Bruch der Biegeprobe, fällt mit zunehmender Härteschichttiefe rasch ab. Ebenso wird man die durchgehärtete Welle mit ein oder zwei kräftigen Hammerschlägen zu Bruch bringen, während die an der Oberfläche gehärtete Welle auf diese Weise vielleicht überhaupt nicht bricht.

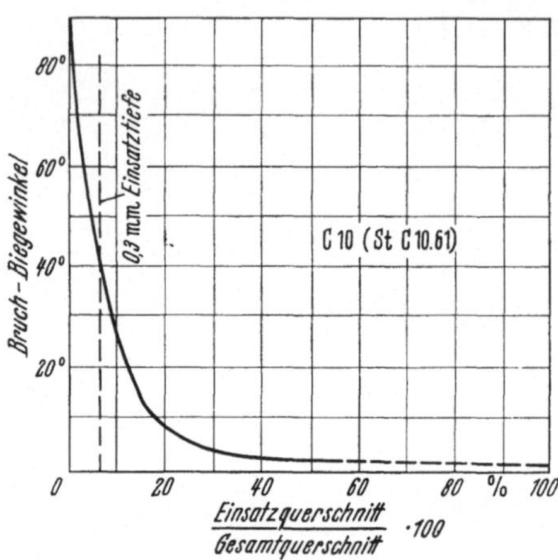

Abb. 15. Abhängigkeit des Bruchbiegewinkels im Einsatz gehärteter Biegeproben von der Einsatztiefe. Nach MÜLLER.

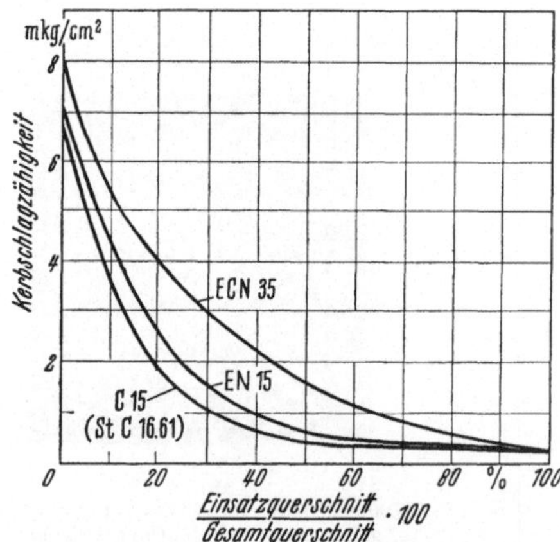

Abb. 16. Abhängigkeit der Kerbzähigkeit im Einsatz gehärteter Proben von der Einsatztiefe. Nach MÜLLER.

Abb. 16 zeigt in Analogie hierzu die Abhängigkeit der Kerbzähigkeit im Einsatz gehärteter Proben von der Einsatztiefe. Auch hier fällt die Kerbzähigkeit mit zunehmender Härteschichttiefe rasch ab. Die Zähigkeit des Kerns wirkt sich auf die Versuchsergebnisse deutlich aus, da der Abfall eines Kohlenstoff-Einsatzstahles C 15 bedeutend steiler ist als der des im Kern zäheren Chrom-Nickel-Einsatzstahles ECN 35.

Auf Grund der Ergebnisse in Abb. 15 u. 16 müßte man zu der Folgerung kommen, daß ein Bauteil nur so tief an der Oberfläche gehärtet werden darf, wie es gerade noch auf Grund des zu erwartenden Verschleißes oder der örtlichen Belastung der Oberfläche notwendig ist. Die möglichst dünne Härteschicht müßte also angestrebt werden, wenn der Zweck der Oberflächenhärtung die Vereinigung eines zähen Kernes mit harter Oberfläche ist.

Tatsächlich sind jedoch diese Schlußfolgerungen nicht richtig. In Tab. 2 sind die Ergebnisse einiger Zugversuche an nitrierten Stäben zusammengestellt. Abb. 17 zeigt das zu dem 0,2 mm tief nitrierten Zugstab gehörende Spannungs-Dehnungs-Diagramm. Obgleich die Nitrier-

Tabelle 2. *Anreißen der Nitrierschicht bei nitrierten Zugstäben. Cr-Mo-V-Stahl.* Nach WIEGAND.

Probestab	Behandlung	Zugspannung bei Anreißen der Schicht kg/mm²	Zugspannung bei Bruch des Stabes kg/mm²
Rundstab 2,5 ∅ . .	Fast durchnitriert 1,1 mm	92	92
Rundstab 10 ∅ . .	nitriert 0,2 mm	102	117
	nitriert 0,3 mm	98	111

schicht erst etwa 10% unterhalb der Zugfestigkeit des gesamten Stabes anreißt, findet das Anreißen statt, bevor größere bleibende Verformungen des Kernwerkstoffes auftreten. Die an dem fast durchnitrierten Stab ermittelte Zugfestigkeit dürfte bei diesen Versuchen zu niedrig gefunden worden sein, da es praktisch nicht möglich ist, bei der zum Durchnitrieren notwendigen Tiefe von 1,25 mm einwandfreie Nitrierschichten zu erzeugen. Außerdem ergeben Zugversuche an derartig spröden Werkstoffen stets zu niedrige Werte für die Zugfestigkeit. Infolge des Anreißens der Nitrierschicht, bevor größere bleibende Verformungen auftreten, ist auch die Verformungsarbeit für den gesamten Stab bis zum Anreißen der Schicht bedeutend kleiner als die Bruchverformungsarbeit. Biegeversuche an den Zähnen im Einsatz gehärteter Zahnräder ergaben ein Einreißen der Einsatzschicht im Übergang zum Zahngrund, wenn die Nennspannung etwa die $\sigma_{0,2}$-Grenze des Kernwerkstoffes erreicht (Abb. 18). Die tatsächliche Spannung im Übergang liegt, entsprechend der Kerbziffer, höher. Grundsätzliche Biegeversuche an verschieden tief einsatzgehärteten Rundstäben führten zu dem gleichen Ergebnis.

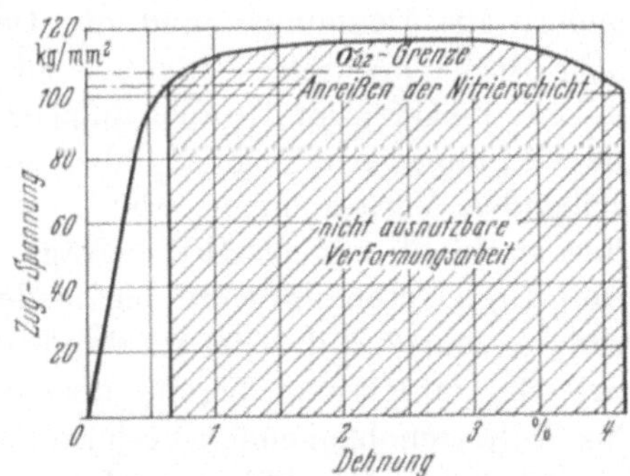

Abb. 17. Spannungs-Dehnungs-Diagramm des 0,2 mm tief nitrierten Zugstabes aus Tab. 2.

Die Versuche zeigen, daß bei größeren bleibenden Verformungen im Kern die harte Randschicht einreißt. Dieser zwangsläufige Vorgang soll an einem einfachen, übersichtlichen Beispiel erläutert werden. Der Betrachtung liege ein über seine gesamte Länge mit konstantem Biegemoment belasteter Balken zugrunde (Abb. 19). Die Querschnitte sind schubspannungsfrei. Bei einer bestimmten Durchbiegung sind die Größe der Randdehnung und die Dehnungsverteilung über den gesamten Querschnitt gegeben. Entsprechend dem Zusammenhange zwischen Spannungen und Dehnungen — der für Zug und Druck annähernd der gleiche ist und aus dem σ-ε-Diagramm entnommen werden kann — stellt sich hierzu die entsprechende Spannungsverteilung ein, aus der wiederum das vom Balken aufgenommene Biegemoment hervorgeht. Das Primäre sind also nicht die Spannungen und die Spannungsverteilung, sondern die Dehnungen und die Dehnungsverteilung[1]. Durch Versuche ist nachgewiesen, daß bei der vorliegenden Belastungsart des Balkens die Querschnitte auch im plastischen Bereich stets eben bleiben. Die Dehnungsverteilung ist daher stets linear, auch bei sehr großen bleibenden Verformungen. Die gesamte Dehnung beim Bruch einer Einsatzschicht mit 60 HRc beträgt z. B. im günstigsten Falle 1% (Abb. 10). Treten im Kern bleibende Verformungen in der Größenordnung von 1% auf, so ist am Rande die von der Einsatzschicht ertragbare Gesamtdehnung bereits überschritten. Die Schicht reißt ein. Das Auftreten bleibender Verformungen im Kern ist am Abweichen der Belastungs-Durchbiegungs-Kurve von der elastischen Geraden zu erkennen (Abb. 19d). Da die bleibenden Verformungen jedoch nur in einem örtlich begrenzten Bereich auftreten, weicht die Last-Durchbiegungskurve längst nicht so stark ab wie die Spannungs-Dehnungs-Kurve des Zugversuches (Abb. 19c). Abb. 19d zeigt, daß die ausnutz-

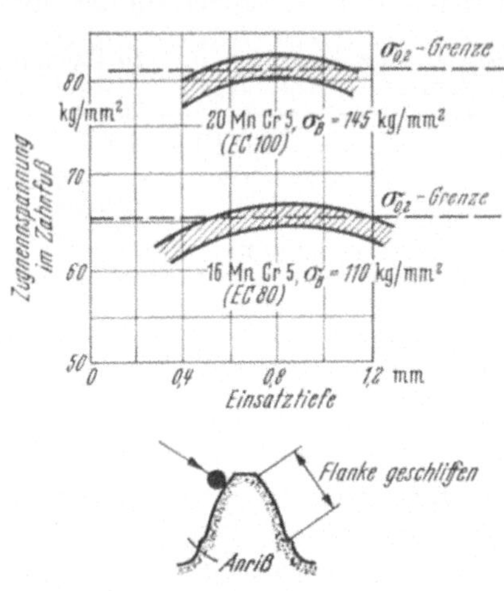

Abb. 18.
Anreißen der Einsatzschicht von Zahnrädern.

[1] In gleicher Weise kann man den Zugversuch auffassen. Der Stab wird nicht belastet, sondern gedehnt. Zu dieser Dehnung gehört eine bestimmte Spannung, die die Höhe der notwendigen Last bestimmt. Diese Betrachtungsweise entspricht bedeutend mehr den tatsächlichen Vorgängen beim Zugversuch. Bei den gebräuchlichen Zerreißmaschinen wird stets der Stab durch Auseinanderziehen der Spannköpfe verlängert und dann die sich für diese Verlängerung einstellende Last an einer Laufgewichtswaage oder einem Ölmanometer gemessen.

bare Verformungsarbeit beim durchgehärteten Biegebalken theoretisch sogar größer ist als bei dem im Einsatz gehärteten. Praktisch wird dieser Fall allerdings nicht eintreten, da sich bei durchgehärteten Bauteilen die Kerbwirkung selbst feinster Bearbeitungsriefen voll auswirkt, während bei Teilen, die an der Oberfläche gehärtet sind, die Spannungsspitzen in Kerben durch die Druckeigenspannungen überdeckt werden. Außerdem sind durchgehärtete Bauteile stets mit ungünstigen Härtespannungen behaftet, so daß die Festigkeit des gehärteten Werkstoffes nicht voll ausgenutzt werden kann. Diese Einflüsse sind im vorliegenden Beispiel nicht berücksichtigt worden.

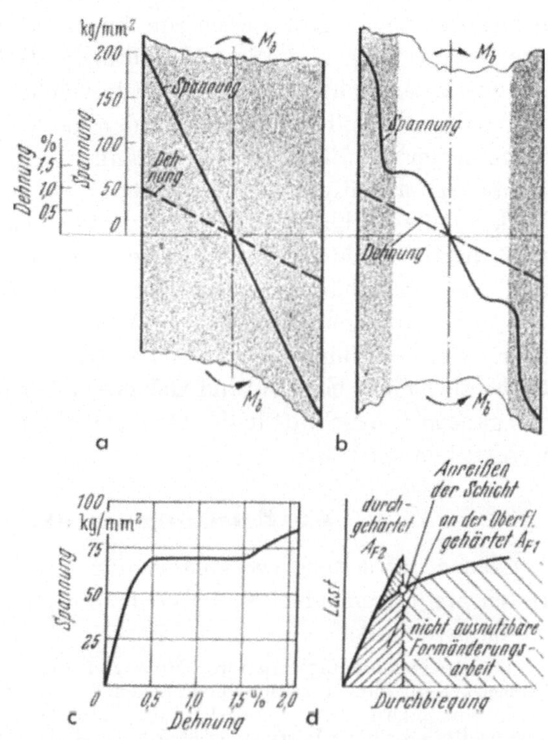

Abb. 19. Spannungsverteilung im Augenblick des Anreißens der Randschicht und Formänderungsarbeit von Biegestäben (ohne Berücksichtigung der Druckeigenspannungen). a) durchgehärtet; b) an der Oberfläche gehärtet; c) σ-ε-Diagramm des Kernwerkstoffes von b); d) Formänderungsarbeit der Biegestäbe.

In jedem anderen Falle sind die Verhältnisse ähnlich. Stets ist am Rand die Dehnung gleich oder größer als im Kern. Treten also im Kern größere bleibende Verformungen auf, so daß die Last-Verformungs-Kurve merklich von der elastischen Geraden abweicht und dadurch die Verformungsarbeit des Bauteiles erhöht werden kann, so muß die Härteschicht einreißen. Sie ist derartigen Verformungen nicht gewachsen.

Die meisten Maschinenbauteile werden durch Kräfte beansprucht, die ihre Größe periodisch ändern (Dauerbeanspruchung). Anrisse in der Härteschicht setzen die Wechselfestigkeit auf ein Minimum herab. Erleidet ein Bauteil vereinzelt hohe Schläge und reißt dadurch die Härteschicht an, so muß durch die nachfolgende Dauerbeanspruchung ein Dauerbruch entstehen. Ein Austrainieren der Schädigung, wie bei Vergütungsstählen, durch Dauerbeanspruchung unterhalb der Dauerfestigkeit ist nicht möglich. Die Zähigkeit des Kernwerkstoffes läßt sich also nicht ausnutzen. Nur wenn keine anderen Beanspruchungen als einzelne hohe Schläge auftreten, spielt die Kernzähigkeit eine Rolle. Dabei wird ein Einreißen der Härteschicht zugelassen, so daß die Kernzähigkeit tatsächlich zur Auswirkung kommen kann. Jede nachfolgende Dauerbeanspruchung[1] würde jedoch zum Bruch führen. In diesem Falle ist es aber, zweckmäßiger, die bruchgefährdeten Gebiete (wenn konstruktiv irgendwie möglich) nicht an der Oberfläche zu härten, da dann die Kernzähigkeit voll ausgenutzt werden kann.

Sinn der Oberflächenhärtung kann es also niemals sein, ein zähes Bauteil mit allseitig hoher Oberflächenhärte zu erzielen. In dem Augenblick, wo die Zähigkeit des Kernes in Anspruch genommen werden muß, reißt die Härteschicht. Dauerbrüche sind gewöhnlich die Folge. Nur bei der Oberflächenhärtung örtlich begrenzter Gebiete gilt die Aussage von der Vereinigung eines zähen Werkstoffes und harter Oberfläche, aber nur in dem Sinne, daß am selben Bauteil zähe Gebiete, deren Oberfläche aber nicht hart ist, und Gebiete harter Oberfläche, die aber über den ganzen Querschnitt in der Gesamtwirkung nicht zäh sind, vereinigt werden können.

4,5. Belastungscharakteristik.

Neben der seltener vorkommenden rein ruhenden Beanspruchung treten im allgemeinen Maschinenbau grundsätzlich zwei Beanspruchungsarten auf:

a) eine gleichmäßige, in ihrer Höhe nur wenig schwankende Schwingungsbeanspruchung ohne ausgesprochene Lastspitzen (Abb. 20a),

b) eine niedrige Schwingungsbeanspruchung mit hohen Lastwechselzahlen, der vereinzelte, sehr hohe Lastspitzen überlagert sind (Abb. 20b).

Zwischen diesen beiden Grundfällen sind natürlich alle denkbaren Kombinationen möglich. Es kommt nicht so sehr darauf an, den zeitlichen Beanspruchungsverlauf in der Belastungscharakteristik genau zu erfassen, als vielmehr den grundsätzlichen Typus des vorliegenden Falles zu erkennen.

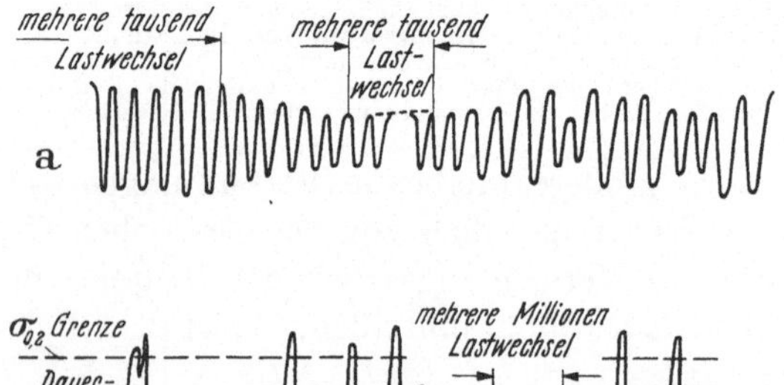

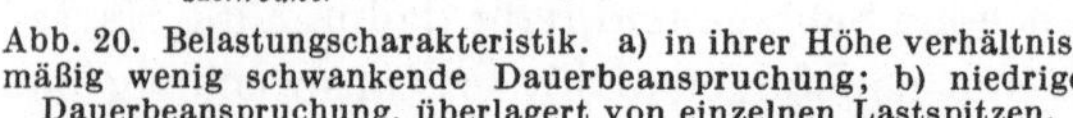

Abb. 20. Belastungscharakteristik. a) in ihrer Höhe verhältnismäßig wenig schwankende Dauerbeanspruchung; b) niedrige Dauerbeanspruchung, überlagert von einzelnen Lastspitzen.

[1] Schlag- und Lastwechselzahlen über 10000 müssen in diesem Zusammenhang bereits als Dauerbeanspruchung gewertet werden.

Die Charakteristik ist für die Anwendung der Oberflächenhärtung von ausschlaggebender Bedeutung. Vergütungsstähle und blindgehärtete Einsatzstähle sind in der Lage, gewisse Überbeanspruchungen, d. h. Beanspruchungen oberhalb der Dauerfestigkeit ohne Herabminderung der Dauerfestigkeit, zu ertragen. Abb. 21 zeigt die Wöhlerkurve eines Vergütungsstahles und die hierzu gehörende Schadenslinie. Die Wöhlerkurve gibt an, nach wieviel Lastwechseln bei einer bestimmten Beanspruchung ein Dauerbruch auftritt. Die Schadenslinie zeigt, wieviel Lastwechsel einer bestimmten Überbeanspruchung im äußersten Falle aufgebracht werden dürfen, ohne daß bei einer nachfolgenden Dauerbeanspruchung in Höhe der Dauerfestigkeit ein Bruch eintritt. Liegt die der Überbeanspruchung folgende Beanspruchung erheblich unter der Dauerfestigkeit, so wird der Einfluß der Überbeanspruchung nach größeren Lastwechselzahlen austrainiert, und eine erneute Überbeanspruchung kann ohne Schädigung aufgebracht werden. Hierbei dürfen sogar bei der Überbeanspruchung bleibende Verformungen auftreten. Hierin liegt die Bedeutung der Zähigkeit vergüteter und blindgehärteter Stähle. Durch die Überlastungsfähigkeit und das Trainiervermögen dieser Stähle kann eine Belastungscharakteristik nach Abb. 20b ohne Bruch ertragen werden.

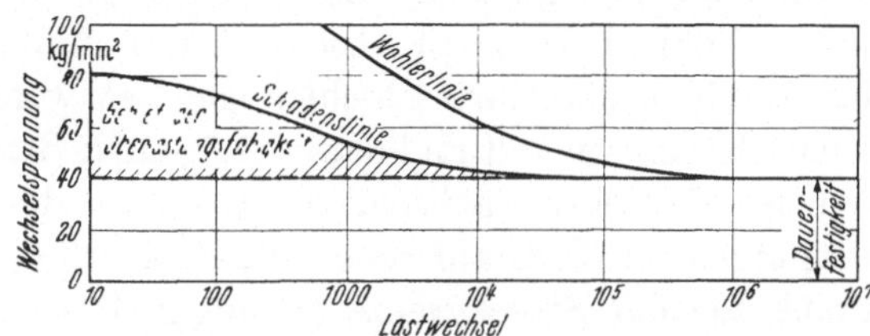

Abb. 21. Wöhler- und Schadenslinie eines Vergütungsstahles (schematisch).

Die Härteschicht an der Oberfläche gehärteter Teile würde bei den in Abb. 20b auftretenden Überbeanspruchungen einreißen. Ein Bruch, auch unter der darauffolgenden niedrigen Dauerbeanspruchung, wäre die Folge. An der Oberfläche gehärtete Teile sind nicht oder nur in geringem Maße überlastungsfähig. Liegt dagegen eine Belastungscharakteristik nach Abb. 20a vor, so ist das an der Oberfläche gehärtete Teil dem vergüteten bzw. blindgehärteten auf Grund der bedeutend höheren Dauerfestigkeit überlegen (Abschn. 4,7).

Von der Belastungscharakteristik hängt es demnach ab, ob es zweckmäßig ist, den bruchgefährdeten Querschnitt an der Oberfläche zu härten oder im vergüteten bzw. blindgehärteten Zustand zu belassen. Erst nach dieser Entscheidung kann man zur Wahl eines der zur Verfügung stehenden Verfahren und der übrigen Festlegungen wie Kernfestigkeit, Härteschichttiefe und Oberflächenhärte übergehen.

4,6. Einfluß hoher Kernfestigkeit.

In Abschn. 4,2 war bereits angedeutet worden, daß der Einfluß der Kernfestigkeit auf die Haltbarkeit der an der Oberfläche gehärteten Querschnitte unter anderen Gesichtspunkten gewertet werden, muß als bei Gebieten eines Bauteils, die keine harte Randschicht besitzen.

Ist der bruchgefährdete Querschnitt eines Bauteiles an der Oberfläche gehärtet, so ist die Kernzähigkeit praktisch ohne Bedeutung. Die Kernfestigkeit wird man also ohne Berücksichtigung der Zähigkeit wählen können. Da nach Abschn. 4,4 als Kriterium für die Höchstlast das Anreißen der Härteschicht angesehen werden muß, wird mit steigender Kernfestigkeit und damit steigender Streckgrenze die Belastbarkeit des Bauteiles wachsen. Die Last, bei der größere bleibende Verformungen im Kern auftreten, durch die die Härteschicht anreißt, ist direkt von der Streckgrenze abhängig. Die in Abschn. 4,4 erwähnten Gründe, aus denen der theoretische Vorteil hoher Kernfestigkeit beim durchgehärteten Teil praktisch nicht zur Auswirkung kommen kann, fallen weg, solange nur ein genügender Härteunterschied zwischen Rand und Kern besteht. Die dann im Rand entstehenden Druckeigenspannungen machen das Teil gegen Bearbeitungsriefen kerbunempfindlich, und durch den gegenüber dem Rand immer noch zähen Kern niedrigerer

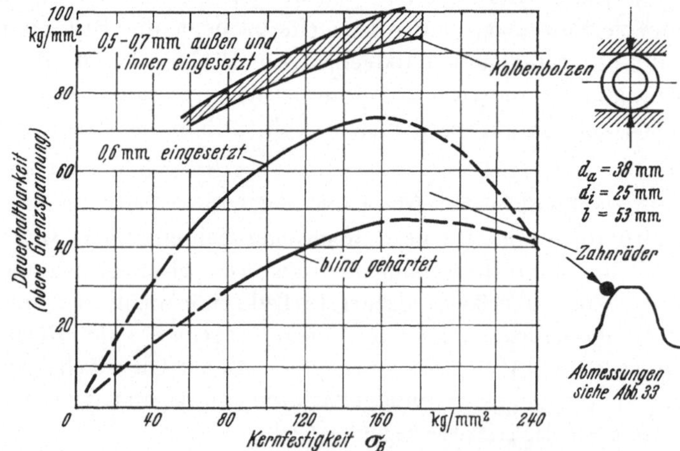

Abb. 22. Abhängigkeit der Dauerhaltbarkeit im Einsatz gehärteter und blindgehärteter Bauteile von der Kernfestigkeit.

Härte können ungünstige Härtespannungen praktisch nicht entstehen. Biegeversuche an Zähnen von Zahnrädern aus zwei verschiedenen Einsatzstählen mit 110 und 145 kg/mm² Kernfestigkeit zeigen die Erhöhung der beim Anreißen der Härteschicht ertragenen statischen Last mit zunehmender Kernfestigkeit (Abb. 18).

Aber nicht nur auf die auswertbare statische Höchstlast, sondern auch auf die Dauerhaltbarkeit wirkt sich die Kernfestigkeit im besonderen Maße aus. Abb. 22 zeigt die Ergebnisse von Dauerversuchen an einsatzgehärteten Zahnrädern und Kolbenbolzen. Bis zu Kernfestigkeiten von mindestens 160 kg/mm² steigt die Dauerhaltbarkeit an, um bei noch höheren Werten, die jedoch mit den genormten Einsatzstählen nicht mehr erreicht werden können, wieder abzufallen. Für den blindgehärteten Zustand steigt die Dauerhaltbarkeit ebenfalls mit wachsender Zugfestigkeit an. Beide Kurven schneiden sich in dem für den durchgehärteten (vollgehärteten) Zustand geltenden Punkt.

Die Versuche an den allseitig im Einsatz gehärteten Kolbenbolzen zeigen, daß erwartungsgemäß die Kernzähigkeit überhaupt keinen Einfluß auf die Dauerhaltbarkeit von Teilen hat, deren gesamte Oberfläche gehärtet ist. In Tab. 3 sind die Kennwerte der für diese Versuche verwendeten Werkstoffe zusammengestellt. Zur Erreichung einer Kernfestigkeit von 177 kg/mm² wurde ein Mangan-Silizium-Vergütungsstahl verwendet und in der üblichen Weise im Einsatz gehärtet (mit den genormten Einsatzstählen sind Kernfestigkeiten über 160 kg/mm² auch bei dünnen Wandstärken nicht zu erzielen). Naturgemäß ist ein derartiger Stahl äußerst spröde. Abb. 23 zeigt anschaulich den bleibenden Bruchbiegewinkel des blindgehärteten Vergütungsstahles im Vergleich zu einem blindgehärteten Mangan-Einsatzstahl. Die Steigerung der Kernfestigkeit bis zu 177 kg/mm² wirkte sich auf die Dauerhaltbarkeit der Kolbenbolzen immer noch im günstigen Sinne aus.

Tabelle 3. *Werkstoffkennwerte der bei den Kolbenbolzenversuchen verwendeten Werkstoffe (s. Abb. 22).*

Kern-festigkeit σ_B	Bruch-dehnung δ_5 des Kernes	Kerb-zähigkeit α_K des Kernes	Dauer-haltbarkeit σ_0	Werkstoff: Legierungs-gruppe	Werkstoff: C-Gehalt	Be-handlung
kg/mm²	%	mkg/cm²	kg/mm²		%	
177	s. Abb. 23	2,2	93	Mn-Si-Stahl	0,33	0,5—0,7 mm im Einsatz gehärtet
155	7		91	Cr-Mn-Stahl	0,24	
147	8 s. Abb. 23	6,8	90	Mn-Stahl	0,18	
61	12	14,4	75	C-Stahl	0,14	

Es ist danach unrichtig, bei der Abnahme Teile mit allseitig oder im gefährdeten Querschnitt gehärteter Oberfläche wegen zu hoher Kernfestigkeit zurückzuweisen, wie es häufig geschieht. Begründet wird die Verweigerung der Abnahme mit der durch die hohe Kernfestigkeit bedingten geringen Zähigkeit. Die Betrachtungen in Abschn. 4,4 und die vorliegenden Versuche zeigen jedoch, daß die Kernzähigkeit in diesem Falle ohne Bedeutung ist.

Anders liegen die Verhältnisse, wenn an der Oberfläche des gefährdeten Querschnittes keine Härteschicht vorhanden ist. Der gesamte Querschnitt besteht dann aus dem gleichen Werkstoff, dem Kernwerkstoff. Die Eigenschaften des Kern werkstoffs können sich ungehindert auswirken. Nun steigt zwar sowohl bei Vergütungsstählen als auch bei blindgehärteten Einsatzstählen die Dauerfestigkeit ebenfalls mit wachsender Kernfestigkeit (Abb. 22), gleichzeitig sinkt jedoch im allgemeinen die Zähigkeit, wenn auch durch Verwendung entsprechend legierter Stähle ein gewisser Ausgleich geschaffen werden kann. Ist ein Bauteil z. B. neben einer niedrigen Dauerbeanspruchung durch vereinzelte, sehr hohe Schläge beansprucht, so wird man die Kernfestigkeit nicht zu hoch wählen, um eine genügende Zähigkeit in den bruchgefährdeten, nicht an der Oberfläche gehärteten Querschnitten zu erhalten. Dafür muß dann eine entsprechend geringere Dauerhaltbarkeit in Kauf genommen werden.

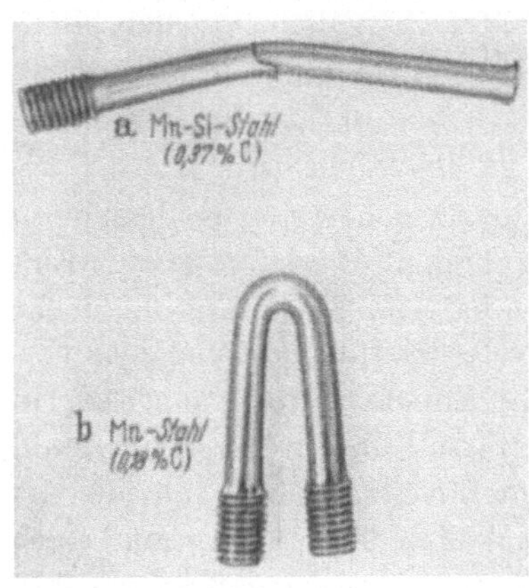

Abb. 23.
Bleibende Bruchbiegewinkel. a) eines Vergütungsstahles; b) eines Mangan-Einsatzstahles, beide blind gehärtet.

4,7. Druckeigenspannungen der Randschicht und Beeinflussung der Dauerfestigkeit.

Bauteile mit gehärteter Oberfläche bestehen aus zwei verschiedenen Werkstoffen bzw. Werkstoffzuständen. Der Randwerkstoff im Einsatz gehärteter Teile besitzt den zur Erlangung voller Härte günstigsten Kohlenstoffgehalt von 0,9 bis 1,0%, der Kernwerkstoff dagegen im allgemeinen einen Kohlenstoffgehalt unter 0,2%. Der Zustand ist für Rand und Kern „gehärtet". Bei nitrierten Teilen ist der Rand nachträglich mit Stickstoff angereichert worden. Der Zustand für Rand und Kern ist „vergütet". Induktions-, flammen- oder tauchgehärtete Teile besitzen zwar in Rand und Kern chemisch gesehen den gleichen Werkstoff, der Zustand ist jedoch im Rand „gehärtet", im Kern „vergütet" oder „normalisiert".

Durch Härten eines Stahles wächst sein Volumen bis zu 1%. Dabei ist die Volumenzunahme um so größer, je größer der Kohlenstoffgehalt ist. Durch Diffusion von Stickstoff wird ebenfalls das Volumen des

Werkstoffes vergrößert. Bei allen Oberflächenhärteverfahren findet also im Rande eine Volumenzunahme gegenüber dem Kern statt. Es entstehen Druckeigenspannungen in der Randschicht, denen Zugeigenspannungen im Kern das Gleichgewicht halten.

Der durch äußere Lasten hervorgerufene Spannungszustand überlagert die Eigenspannungen. Der hieraus resultierende Spannungsverlauf ist stets dann günstiger, wenn die Spannungsverteilung der äußeren Lasten ungleichmäßig ist (Biegung, Verdrehung, Kerben; Abb. 24). Die am Rande auftretenden größten Zugspannungen werden vermindert. Die Lage des Zugspannungsmaximums verschiebt sich in

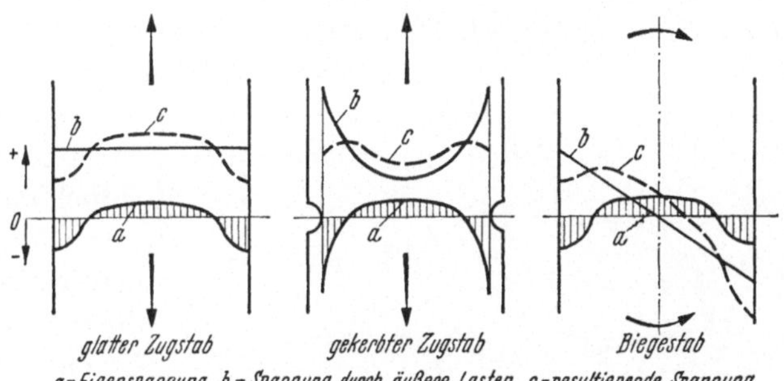

Abb. 24. Spannungsverlauf in Teilen, die an der Oberfläche gehärtet sind.

das Innere des Bauteils. Besonders günstig wirken sich die Druckeigenspannungen bei gekerbten Bauteilen aus. Durch die Kerben werden nicht nur die Spannungen der äußeren Lasten erhöht, sondern auch die Druckeigenspannungen der Randschicht, so daß die resultierende Zugspannung wesentlich reduziert wird. Bei Biegung z. B. wird gleichzeitig die resultierende Druckspannung erhöht. Wird ein Bauteil durch wechselnde Kräfte beansprucht, so wird zwar die Amplitude der Wechselspannungen die gleiche bleiben, die Eigenspannungen der Randschicht stellen jedoch eine statische Druck-Vorspannung dar, durch die die dauernd ertragene Wechselspannung erhöht wird.

Umfangreiche Dauerversuche an Proben und Bauteilen haben die große Steigerung der Dauerhaltbarkeit durch Einsatzhärten und Nitrieren erwiesen. Für die übrigen Oberflächenhärteverfahren liegen bisher nur die Ergebnisse einiger Stichversuche vor, die im Zusammenhang mit den obigen theoretischen Erwägungen die gleiche Auswirkung auf die Dauerhaltbarkeit erwarten lassen. Aus den bisher bekanntgewordenen Versuchsergebnissen allgemein gültige Werte für die Erhöhung der Dauerfestigkeit durch Oberflächenhärtung selbst für die einzelnen Verfahren anzugeben, ist praktisch nicht möglich. Die Steigerung hängt neben der Härtetiefe vor allem von der Spannungsverteilung ab. Je steiler der Spannungsabfall der äußeren Lasten vom

Rand zum Kern hin ist, desto geringer wird bei einer bestimmten Härteschichttiefe die größte resultierende Zugspannung gegenüber dem Zustand ohne Härteschicht. Während z. B. die Wechselfestigkeit eines auf Zug-Druck beanspruchten glatten Stabes durch die Oberflächenhärtung überhaupt nicht gesteigert werden kann und bei glatten Biegestäben großen Durchmessers (30 mm Durchmesser) nur in geringem Maße, sind bei gekerbten Biegestäben kleinen Durchmessers (6,5 mm Durchmesser), Zahnrädern mit Modul 3,25, Zug-Druck-Stäben mit scharfen Kerben, Hubzapfen mit Hohlkehlenübergang zur Kurbelwellenwange u. ä. Steigerungen der Dauerhaltbarkeit bis zu 80% beobachtet worden.

Die Möglichkeit der Dauerhaltbarkeitssteigerung durch Oberflächenhärten wurde erst in den letzten 12 Jahren klar erkannt. Die Oberflächenhärtung hat dadurch ein noch größeres Anwendungsgebiet gefunden als früher. Der Erfolg einer Dauerhaltbarkeitssteigerung wird jedoch nur erreicht, wenn die Gesetzmäßigkeiten, die ihr zugrunde liegen, beachtet werden. Falsche Anwendungen der Oberflächenhärtung haben bisweilen zu schweren Rückschlägen geführt. Abb. 25a zeigt z. B. ein im Einsatz gehärtetes Glockenrad, das zunächst Beanspruchungen im Betriebe standgehalten hatte. Nachträglich wurden aus schmiertechnischen Gründen Ölbohrungen im Zahngrund angebracht, die natürlich nicht im Einsatz gehärtet waren. Im weiteren Betrieb entstanden von den Bohrungen ausgehende Dauerbrüche. In Tab. 4 sind Versuchsergebnisse von Biegeproben, deren Einsatzschicht durch eine Querbohrung unterbrochen wurde, zusammengestellt. Die Biegewechselfestigkeit liegt 40% unter der der blindgehärteten Probe. Die falsche Anwendung der Oberflächenhärtung führt in ähnlichen Fällen statt zu einer Erhöhung zu einer erheblichen Herabsetzung der Dauerhaltbarkeit. Wird dagegen die Bohrung mit eingesetzt (Bild 25b), so steigt bei den Versuchen in Tab. 4 die Biegewechselfestigkeit um 30% gegenüber dem blindgehärteten Zustand.

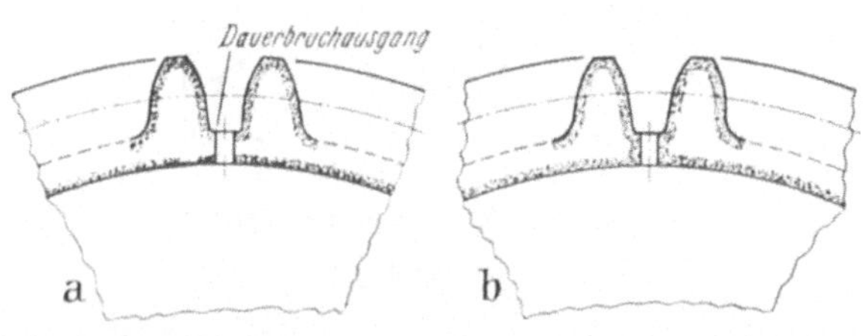

Abb. 25. Ausführung eines Glockenrades. a) falsch. Nicht miteingesetzte Ölbohrung unterbricht die Einsatzschicht. Im Betrieb entsteht ein Dauerbruch. b) richtig. Ölbohrung mit eingesetzt.

Abb. 26 zeigt die Verteilung der durch äußere Lasten hervorgerufenen Axialspannungen eines Biegestabes mit Querbohrung. Wird die Oberfläche des Stabes nur an der Mantelfläche und nicht in der Bohrung gehärtet, so kann die Spannungsspitze an der Bohrung nur in der Mantelschicht abgebaut werden. In dem Gebiet unter der Härteschicht

Tabelle 4. *Einfluß der Oberflächenhärtung auf die Biegewechselfestigkeit quergebohrter Stäbe. Cr-Ni-Mo-Einsatzstahl. Nach* WIEGAND.

Probestab 14 ∅	Behandlung	Wechselfestigkeit σ_{Wb}
		kg/mm²
glatt	blindgehärtet	±62
glatt	im Einsatz gehärtet	±70
mit 2 mm Querbohrung .	blindgehärtet	±34
mit 2 mm Querbohrung .	im Einsatz gehärtet, Bohrung nicht eingesetzt	±21
mit 2 mm Querbohrung .	im Einsatz gehärtet, Bohrung mit eingesetzt	±44

dagegen, wo keine Druckeigenspannungen vorhanden sind, entstehen an der Bohrung derartig ungünstige Spannungsverhältnisse, daß die Dauerhaltbarkeit um 40% herabgesetzt wird. Wird dagegen die Oberfläche der Bohrung mitgehärtet, so legt sich um das gesamte Gebiet, in welchem Spannungsspitzen auftreten, ein schützender Gürtel von Druckeigenspannungen, und die Dauerhaltbarkeit wird größer.

Ebenso gefährlich ist das Auslaufen von Härteschichten in Querschnittsübergängen (Abb. 27a). Gerade dort, wo die höchsten Spannungsspitzen auftreten und durch die Druckeigenspannungszone abgebaut werden sollten, entstehen zusätzliche, durch das Auslaufen der Schicht bedingte ungünstige Eigenspannungszustände. Die richtige Ausbildung zeigt Abb. 27b.

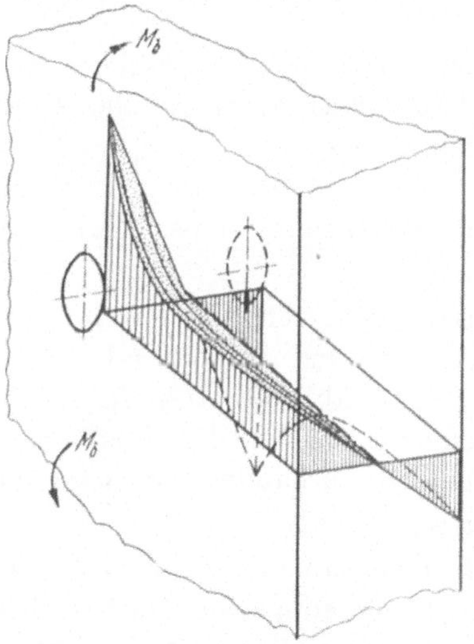

Abb. 26. Ungefähre Spannungsverteilung an einem Biegestab mit Querbohrung (ohne Druckeigenspannungen).

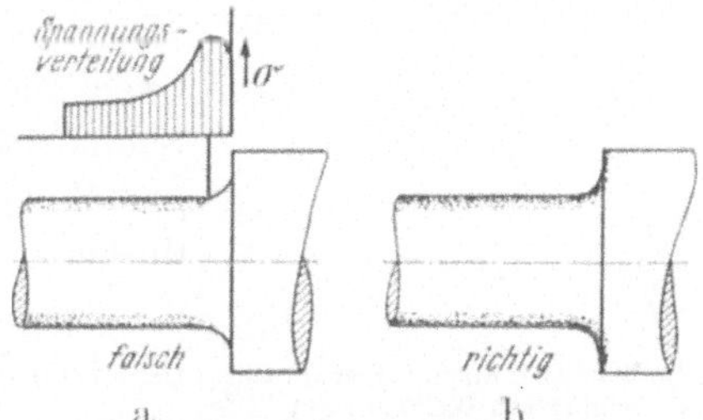

Abb. 27. Auslauf der Härteschicht im Querschnittsübergang.

Ein praktisches Beispiel dafür ist die Schubstange, deren Oberfläche in den Bohrungen und an den Anlaufflächen gehärtet wird (Abb. 28).

Läuft die Härteschicht im bruchgefährdeten Querschnitt aus, so wird die Dauerhaltbarkeit stark herabgesetzt (Abb. 28a). Die richtige Ausbildung ist die nach Abb. 28b, also Wegnahme der Härteschicht am Übergang Auge — Schaft durch Freidrehen.

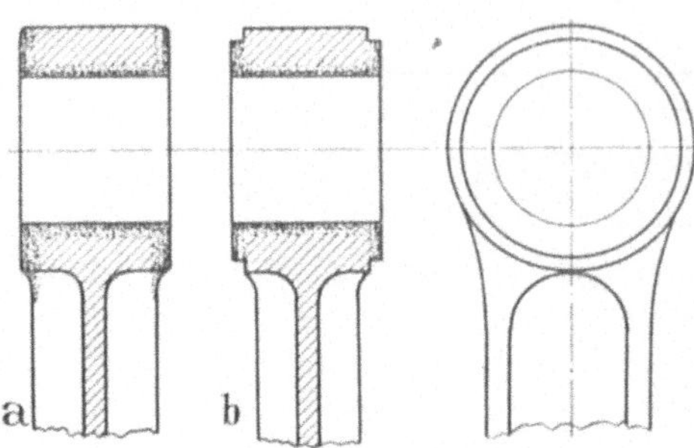

Abb. 28. Ausbildung eines in der Bohrung und an den Anlaufflächen im Einsatz gehärteten Schubstangenauges. a) falsch. Härteschicht läuft im bruchgefährdeten Querschnitt aus. b) richtig. Klar abgegrenzte Härteschicht.

Besonders häufig ist die Gefahr, daß beim Schleifen im Einsatz gehärteter Zahn-

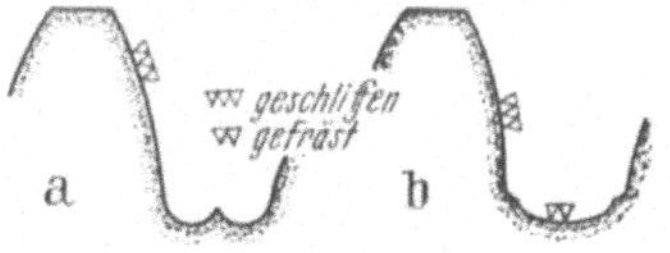

Abb. 29. Ausbildung des Zahngrundes an der Oberfläche gehärteter und geschliffener Zahnräder (Maag-Schleifverfahren). a) Zahngrund wird mit ausgeschliffen. b) Härteschicht im Zahngrund bleibt in voller Stärke erhalten.

räder die Schleifscheibe zu tief in den Zahngrund hineinschleift und dort die Einsatzschicht wegarbeitet (Abb. 29a). Wird auf der Kolb- oder auf der Maag-Maschine geschliffen, so ist es richtiger, im Übergang zum Zahngrund einen kleinen Ansatz stehenzulassen, so daß die Scheibe im Zahngrund selbst frei läuft (Abb. 29b).

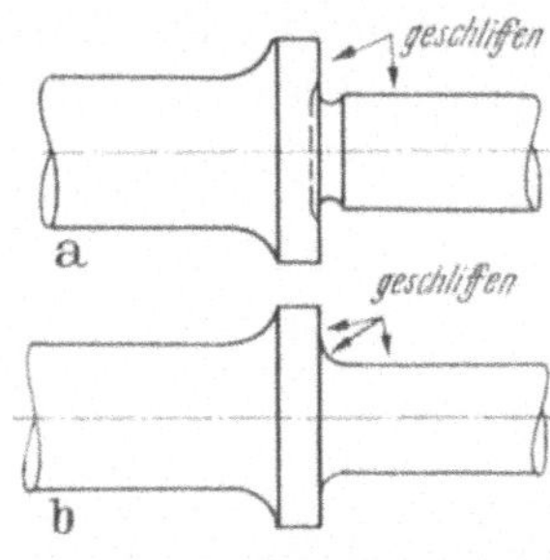

Abb. 30. Ausführung einer im Einsatz gehärteten Welle mit geschliffenem Zapfen und Anlaufbund. a) zweckmäßige Ausführung. Schleifen des Zapfens und der Anlauffläche kann getrennt erfolgen. Übergang bleibt frei von Schleifrissen. b) unzweckmäßige Ausführung. Schleifvorgang im Übergang kann nicht sicher beherrscht werden. Schleifrißgefahr!

Im Einsatz gehärtete Wellen mit geschliffenem Zapfen und Anlaufbund werden zweckmäßig nach Abb. 30a ausgeführt. Die Schleifrißgefahr, die bei der Ausführung gemäß Abb. 30b vorhanden ist, wird dadurch völlig vermieden.

Es darf nicht übersehen werden, daß den Druckeigenspannungen der Härteschicht stets Zugeigenspannungen im Kernwerkstoff des gleichen Querschnittes das Gleichgewicht halten müssen. Mitunter kann die Anstrengung gefährdeter Stellen durch diese Zugeigenspannungen erhöht werden. Abb. 31a zeigt z. B. die Spannungsverteilung eines auf Ovalverformung beanspruchten Kolbenbolzens, der nur außen an der Oberfläche gehärtet ist. Kolbenbolzen werden im Betrieb vorwiegend schwellend beansprucht. Die höchste durch die äußeren Lasten hervorgerufene Zugspannung liegt an der Hohlbohrung. Hier wird die Beanspruchung durch die Zugeigenspannung zusätzlich erhöht. Betriebsdauerbrüche an Kolbenbolzen gingen auch tatsächlich von der Hohlbohrung aus und zeigten axial liegende Bruchflächen, wodurch die überwiegende Beanspruchung hohlgebohrter Kolbenbolzen auf Ovalverformung erwiesen ist. Wird die Bohrung ebenfalls an der Oberfläche gehärtet, so entstehen auch im Gebiet der höchsten Beanspruchung (an der Bohrung) Druckeigenspannungen (Abb. 31b), und

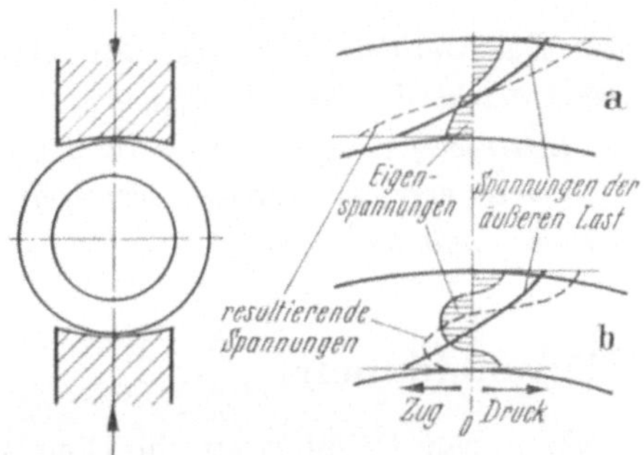

Abb. 31. Spannungsverteilung in Kolbenbolzen mit gehärteter Oberfläche bei Beanspruchung auf Ovalverformung. Nach WIEGAND. a) nur außen an der Oberfläche gehärtet. b) außen und innen an der Oberfläche gehärtet.

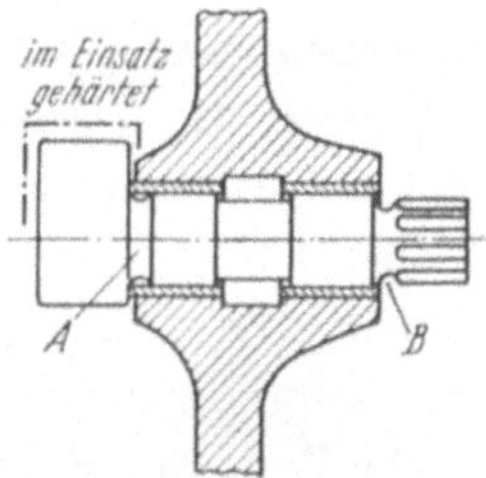

Abb. 32. Ausbildung eines Nockenantriebes, der durch vereinzelte starke Schläge beansprucht wird. *A* und *B* sind besonders bruchgefährdete Stellen.

die Dauerhaltbarkeit steigt erheblich an. In Tab. 5 sind entsprechende Versuchsergebnisse von schwellend beanspruchten Hohlkörpern zusammengestellt. Auch im Betrieb hat sich die wesentlich höhere Haltbarkeit außen und innen gehärteter Kolbenbolzen klar erwiesen.

Tabelle 5. *Dauerversuche an Hohlkörpern nach Abb. 31. Beanspruchung: schwellend. Cr-Ni-Mo-Einsatzstahl. Nach* WIEGAND.
Abmessungen: $d_a = 38$, $d_i = 25$, $b = 53$ mm

Behandlung der Probe	Dauerhaltbarkeit
	kg/mm²
nur außen 0,8 bis 1,0 mm tief im Einsatz gehärtet	59
außen und innen 0,8 bis 1,0 mm tief im Einsatz gehärtet	107

Die richtige Ausbildung eines Nockentriebes mit gelegentlicher hoher Schlagbeanspruchung zeigt Abb. 32. Die Nockenbahn muß wegen der hohen Flächenpressung und zur Verminderung des Verschleißes gehärtet sein. *A* und *B* sind wegen der Kerbwirkung besonders bruchgefährdet. Diese Stellen müssen weich bleiben, um die vereinzelten hohen Schläge durch örtliche plastische Verformung im Kerbgrund aufnehmen zu können. Das Teil wird deshalb nur an der Nockenbahn eingesetzt. Hier muß man also auf die Dauerhaltbarkeitssteigerung durch Oberflächenhärten verzichten.

Die aus umfangreichen Dauerversuchen an einsatzgehärteten und nitrierten Teilen gewonnenen Erkenntnisse lassen sich in einer einfachen Grundregel für den Konstrukteur zusammenfassen, wobei diese Erkenntnisse auch auf die anderen Oberflächenhärteverfahren übertragen werden dürfen:

Soll durch Oberflächenhärtung die Dauerhaltbarkeit eines Bauteiles gesteigert werden, so muß im bruchgefährdeten Oberflächengebiet eine zusammenhängende, nicht unterbrochene Härteschicht vorhanden sein. Eine Steigerung der Dauerhaltbarkeit kann nur erreicht werden, wenn die Spannungsverteilung über den Querschnitt ungleichmäßig ist.

4,8. Einfluß der Härteschichttiefe.

Die Wahl der Härteschichttiefe kann nur im Hinblick auf die Dauerhaltbarkeit, die örtliche Flächenpressung und die dem angewandten Verfahren eigenen Gegebenheiten vorgenommen werden. Die Verminderung der Bruchzähigkeit bei einmaliger Schlagbeanspruchung mit

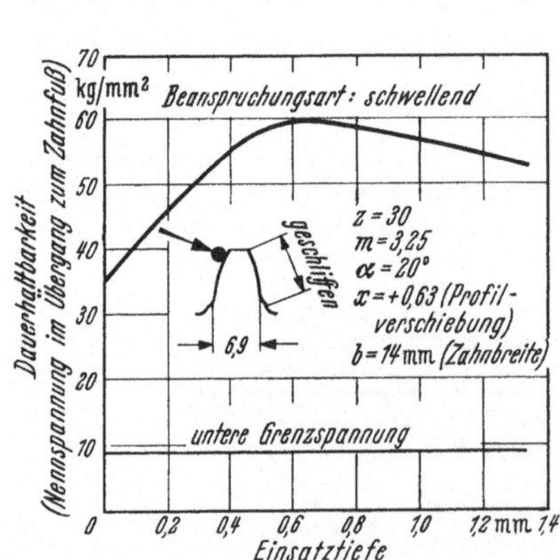

Abb. 33. Einfluß der Einsatztiefe auf die Dauerhaltbarkeit von Zahnrädern. Cr-Mn-Einsatzstahl, $\sigma_B = 100$ kg/mm².

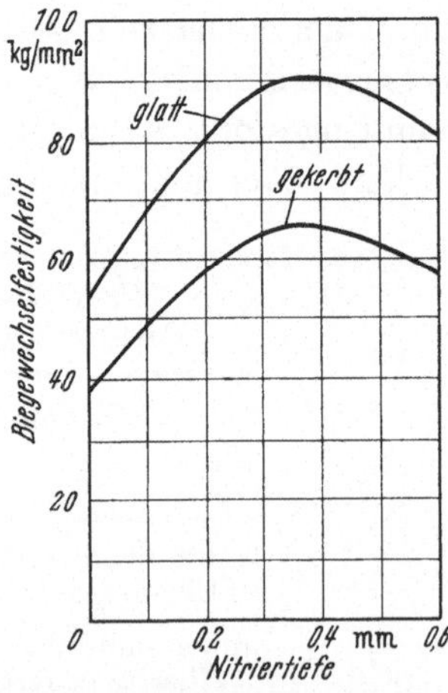

Abb. 34. Einfluß der Nitriertiefe auf die Biegewechselfestigkeit von Flachbiegestäben. 2,5 mm dick; Cr-V-Stahl; $\sigma_B = 110$ kg/mm².

zunehmender Härteschichttiefe, wie sie z. B. in den Versuchen nach Abb. 15 und 16 zum Ausdruck kommt, darf nach Abschn. 4,4 nicht berücksichtigt werden. Die Angst vor größeren Härteschichttiefen, die man auf Grund derartiger Versuche und Vorstellungen haben könnte, ist unbegründet.

Hohe Flächenpressungen erfordern naturgemäß größere Härteschichttiefen, um ein Durchbrechen der Härteschicht zu vermeiden. Hierbei muß man im allgemeinen auf praktische Erfahrungen an der jeweiligen Konstruktion zurückgreifen. Die Hertzsche Theorie gibt eine gewisse Möglichkeit, die Tiefe größenordnungsmäßig zu bestimmen. Auf Grund der gegebenen Beanspruchung wird hiernach der Spannungszustand im Übergang Härteschicht—Kernwerkstoff errechnet. Die Spannungen dürfen nicht zu bleibenden Verformungen führen, d. h. also die $\sigma_{0,2}$-Grenze des Kernwerkstoffs nicht überschreiten. Die Errechnung des Spannungszustandes nach der Hertzschen Theorie erfordert jedoch eine erhebliche mathematische Arbeit.

Tabelle 6. *Härtetiefe bei maximaler Dauerfestigkeit im Einsatz gehärteter und nitrierter Teile.*
t = Härteschichttiefe, d = Wandstärke

Oberflächenhärtung	Werkstoff	Kernfestigkeit σ_B	Versuchsteil	Belastungsart	Lage des Maximums der Dauerfestigkeit
		kg/mm²			t/d
im Einsatz gehärtet	Cr-Mn-Einsatzstahl	100	Zahnrad $m = 3{,}25$	schwellend Biegung	0,1
	Cr-Mo-Einsatzstahl	110	glatter Flachbiegestab 2 mm	wechselnd Biegung	> 0,17
nitriert	Cr-V-Nitrierstahl	110	glatter Stab 6,5 ∅	Umlaufbiegung	> 0,12
	Cr-Mo-V-Nitrierstahl	95—110	glatter Flachbiegestab 2,5 m	wechselnd Biegung	0,14
	verschiedene legierte Vergütungs- u. Nitrierstähle	110—115	glatter Stab 6,5 ∅	Umlaufbiegung	> 0,12
	Cr-V-Vergütungsstahl	110	Flachbiegestab, glatt und gekerbt	wechselnd Biegung	0,14

Der Einfluß der Härteschichttiefe auf die Dauerhaltbarkeit geht aus Versuchen an Zahnrädern (Abb. 33) und an Probestäben (Abb. 34) hervor. Aus diesen Versuchen ist die große Steigerung der Dauerhaltbarkeit durch Oberflächenhärten zu ersehen. Oberhalb einer günstigsten Härteschichttiefe fällt aber die Dauerhaltbarkeit wieder ab. Ist die Härtetiefe so groß, daß praktisch kein Kernwerkstoff mehr vorhanden ist, so ist das Bauteil durchgehärtet. Druckeigenspannungen können nicht mehr entstehen. Die Dauerhaltbarkeit liegt entsprechend niedriger. Die Lage des Dauerhaltbarkeitsmaximums hängt anscheinend von der Gestalt des Bauteiles und in gewissem Grade vom Verfahren ab. In

Tab. 6 sind einige aus Versuchen gewonnene Angaben gemacht. Daraus ergibt sich als Anhalt die Beziehung:

$$\frac{\text{Härteschichttiefe}}{\text{Wandstärke}} = 0{,}10 - 0{,}15 .$$

Vergleicht man die Zeichnungsvorschriften ausgeführter Konstruktionen, so wird man häufig feststellen, daß dieser Wert nicht erreicht wird. Oft läßt das angewandte Verfahren eine größere Härteschichttiefe nicht zu. Legt man den oben angegebenen Wert zugrunde, so müßte z. B. bei einer Wandstärke bzw. bei einem Vollwellendurchmesser von 20 mm die Härteschichttiefe mindestens 2 mm betragen. Bei der Einsatzhärtung treten bereits oberhalb 1,5 mm Einsatztiefe sehr leicht unzulässig starke Überkohlungen auf, die nur durch äußerst sorgfältige und zeitraubende Einsatzbehandlung vermieden werden können. Die Nitrierhärte läßt sogar nur etwa 0,4 mm Nitriertiefe wirtschaftlich noch zu. Gerade hier liegt das noch längst nicht ausgenutzte Anwendungsgebiet der Induktions- und Flammenhärtung. Diese ermöglichen ohne Beeinträchtigung der Wirtschaftlichkeit praktisch jede Härteschichttiefe, so daß diese Verfahren besonders für größere Wandstärken geeignet sind.

Grundsätzlich ist eine möglichst tiefe Härteschicht anzustreben. Diesem Bestreben werden zwei Grenzen gesetzt:

1. Der Wiederabfall der Dauerhaltbarkeit nach Überschreiten der optimalen Härteschichttiefe.
2. Die mit den einzelnen Verfahren wirtschaftlich und werkstofflich einwandfrei zu erreichenden Härteschichttiefen (Tab. 7).

Tabelle 7. *Gebräuchliche Härteschichttiefen verschiedener Oberflächenhärteverfahren.*

Verfahren	Kleinste Härteschichttiefe mm	Größte Härteschichttiefe mm
Salzbad-Einsatzhärtung . .	0,1	1,0
Kasten-Einsatzhärtung . .	0,2	1,5*
Nitrieren	0,1	0,4*
O-Ce-Härtung	0,8	2,0
Induktionshärtung	0,8	50**
Flammenhärtung	1,0	12**

* Höhere Werte sind unwirtschaftlich und nur in Sonderfällen anzuwenden.
** Über 4 mm, legierten Stahl verwenden.

5. Die Verfahren der Oberflächenhärtung.

5,1. Einsatzhärtung.

5,11. Verfahren.

Die Einsatzhärtung ist dasjenige Oberflächenhärteverfahren, welches bis heute am meisten angewendet wird. Man versteht darunter das Aufkohlen der Randschicht eines Bauteils mit nachfolgendem Härten. Es werden dazu legierte und unlegierte Einsatzstähle verwendet, deren Kohlenstoffgehalt 0,06 bis etwa 0,25% beträgt. Würden diese Stähle durchgreifend gehärtet, dann würden sie nicht härter als höchstens 45 HRc. Um höhere Härtewerte zu erhalten, müssen sie vor dem Härten an ihrer Oberfläche aufgekohlt werden, wobei der Kohlenstoffgehalt in der Härteschicht mindestens 0,6%, höchstens aber 1,2% betragen soll.

Das Aufkohlen (auch Einsatzglühen oder Zementieren genannt) ist ein Glühen der Einsatzstähle in einem Kohlenstoff abgebenden Mittel. Die gebräuchlichsten Einsatzmittel sind entweder fest oder flüssig. Das feste Einsatzpulver (für Kasteneinsatz) besteht aus einer Mischung von Holzkohle und Bariumkarbonat. Als flüssiges Einsatzmittel verwendet man ein cyanhaltiges Salzbad (Salzbad-Einsatz). In jedem Falle ist ein mehrstündiges Glühen bei etwa 900° C erforderlich.

Die Aufkohlungscharakteristik, das ist die Einsatztiefe in Abhängigkeit von der Glühzeit, hängt vom Werkstoff, von der Temperatur und vom Einsatzmittel ab (Abb. 35). Die Aufkohlungszeit ist beim Salzbadeinsatz erheblich kürzer als beim Kasteneinsatz. Im allgemeinen wird für Massenteile und Einsatztiefen bis zu 1,0 mm der Salzbadeinsatz und bei Teilen größerer Abmessungen und Einsatztiefen von über 1,0 mm der Kasteneinsatz bevorzugt.

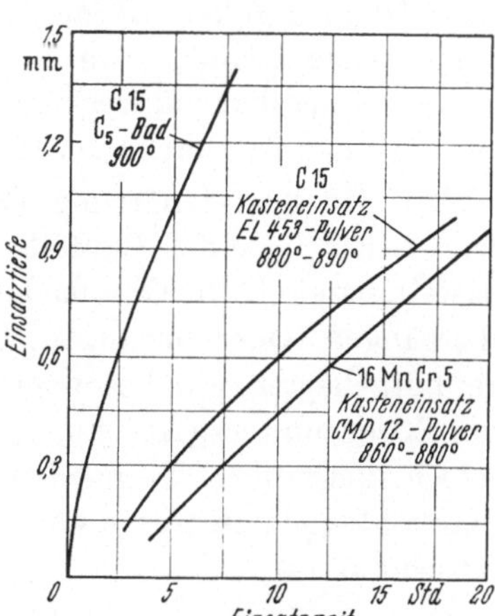

Abb. 35. Aufkohlungscharakteristik.

Bei der Durchführung der Aufkohlung im Kasten geht man so vor, daß die aufzukohlenden Werkstücke in einem Kasten in das Einsatzpulver allseitig fest eingepackt werden. Der Kasten wird dann mit einem Deckel zugedeckt, mit Lehm luftdicht verschlossen und in einen Kammerofen geschoben, der bereits auf Einsatztemperatur (möglichst 900° C) gebracht ist. Wenn die geforderte Einsatztiefe erreicht ist, wird der Kasten mit Inhalt aus dem Ofen herausgenommen und an der Luft abgekühlt.

Zum Aufkohlen im Salzbad werden die Teile an Bindedrähten oder in Körben in das auf Härtetemperatur befindliche Salzbad gehängt. Zuverlässig und wirtschaftlich vorteilhaft sind die Durferrit[1]-Aufkohlungssalzbäder. Es gibt davon mehrere Arten, die je nach ihren Eigenschaften mit C2, C3, GS540/C3, C4 und C5 bezeichnet werden. Das normale Kohlungsbad ist das C5-Bad. An Öfen werden meistens gas- oder ölbeheizte Tiegelöfen mit Stahltiegeln benutzt. Auch elektrisch beheizte Öfen sind in Gebrauch (Elektroden-Salzbadofen).

Nach dem Aufkohlen findet die eigentliche Härtung statt. Die Härtepraxis kennt die Einfachhärtung und die Doppelhärtung (Abschn. 5,12). Beim Salzbad-Aufkohlen werden die Teile unmittelbar aus dem Bad heraus abgeschreckt, weil bei Luftabkühlung die Gefahr besteht, daß das Salz die Werkstücke angreift und so zum Rosten bringt. Dann erfolgt die eigentliche Härtung. Im Pulver aufgekohlte Teile werden nach der Abkühlung im Kasten nochmals auf Härtetemperatur gebracht und von dort aus in Öl, in Wasser oder im Warmbad abgeschreckt.

Nach der Härtung muß jedes Bauteil unbedingt entspannt werden. Das geschieht durch eine Erwärmung auf 180°C im Luftumwälzofen, Salz- oder Ölbad, ein mindestens einstündiges Liegen bei dieser Temperatur und anschließendes Abkühlen an der Luft.

Sollen bestimmte Gebiete eines Bauteils keine harte Oberfläche bekommen, so müssen diese während der Einsatzglühung mit Abdeckpaste abgedeckt werden, damit dort der Kohlenstoff nicht eindringen kann. Diese Teile müssen im Pulver aufgekohlt werden, da die Paste im Salzbad abfallen würde. Am besten und sichersten ist es jedoch, wenn solche Gebiete zwar im Pulver mit eingesetzt, aber vor dem Härten spanabhebend weggearbeitet werden. Die abzutragende Schicht soll etwa das Zweifache der Einsatzschicht betragen.

Mit der Einsatzhärtung werden gleichmäßige Härteschichten an der Oberfläche eines Bauteils, unabhängig von dessen konstruktiver Gestalt, erzeugt. Die Oberfläche von Kerben, Hohlkehlen, Querschnittsübergängen, Querbohrungen, Innenbohrungen usw., werden einwandfrei mitgehärtet, was besonders für die Dauerhaltbarkeit des Bauteiles von Bedeutung ist (Abschn. 4,7). Scharfe, vorspringende Ecken sollten jedoch konstruktiv vermieden werden, da an diesen besonders leicht Überkohlungen auftreten können, die zum Abplatzen der Ecken führen (Abschn. 5,14).

Die nach dem Einsatz-Härteverfahren arbeitenden Härtereien sind zentrale Stellen innerhalb der Industriewerke. Die zu härtenden Teile müssen aus den einzelnen Betriebswerkstätten dorthin gebracht werden.

[1] Deutsche Gold- und Silber-Scheideanstalt (Degussa), Abteilung Durferrit Glüh- und Härtetechnik.

Abb. 36 zeigt eine vollautomatische Härteanlage für Salzbad-Einsatzhärtung mit Tiegelöfen.

Abb. 36. Vollautomatische Härteanlage für Einsatzhärtung. Nach MEINGAST.

5,12. Einfachhärtung, Doppelhärtung.

Infolge des unterschiedlichen Kohlenstoffgehaltes im Rand und Kern ist eine einwandfreie Härtung eingesetzter Teile theoretisch nicht möglich. Ganz allgemein gesehen liegt die günstigste Härtetemperatur dicht über der GSE-Linie des Eisen-Kohlenstoff-Diagramms (Abb. 37) und ist somit vom Kohlenstoffgehalt abhängig. Die GSE-Linie gibt an, bei welchen Temperaturen während der Erwärmung die Umwandlung der bei Raumtemperatur beständigen Gefüge in „feste Lösung" (Austenit) beendet ist. Die Umwandlung beginnt beim Überschreiten der Perlit-Linie. Bei der Härtetemperatur muß „feste Lösung" vorhanden sein, damit eine Härtewirkung erzielt werden kann.

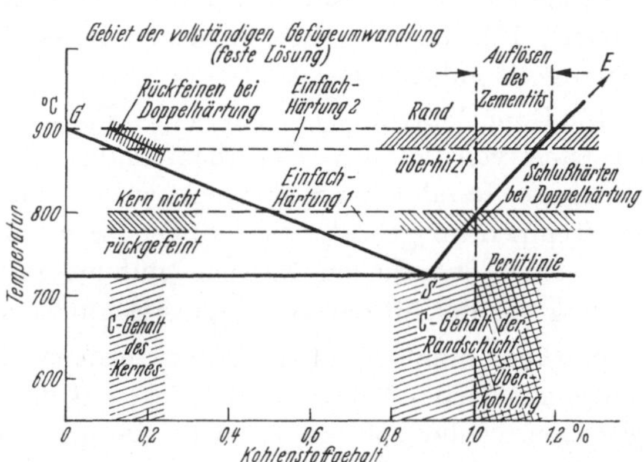

Abb. 37. Lage der Härtetemperaturen für Einsatzhärtung im Eisen-Kohlenstoff-Diagramm für reine Kohlenstoffstähle.

Da zunächst nur die Härtung des Randes interessiert, wäre, entsprechend dem Rand-Kohlenstoffgehalt, 780 bis 800°C die richtige Härtetemperatur. Durch das mehrstündige Einsatzglühen bei ca. 900°C findet jedoch im Kern ein starkes Wachstum der Kristalle statt, das als schädlich und besonders die Kerbzähigkeit herabmindernd angesehen wird. Eine vollständige Rückfeinung des groben Kornes kann nur durch Erwärmen über die GSE-Linie und durch die damit verbundene vollständige Umkristallisation erreicht werden.

Bei der im folgenden mit „Einfachhärtung 1" bezeichneten Härtung von der für den Rand günstigsten Temperatur ist die Rückfeinung ungenügend, da für den Kern die Härtetemperatur weit unter der GSE-Linie liegt. Die Kernfestigkeit kann nicht ihren größtmöglichen Wert erreichen, da bei der niedrigen Härtetemperatur nur geringe Mengen von fester Lösung vorhanden sind.

Wird dagegen von der für den Kern günstigsten Temperatur gehärtet (Einfachhärtung 2), so ist der Rand überhitzt. Überhitzungsempfindliche Einsatzstähle besitzen spröde Randschichten, die besonders schleifrißempfindlich sind und zum Ausbröckeln neigen. Während unlegierte Einsatzstähle anscheinend überhitzungsempfindlicher sind, konnten bei legierten Einsatzstählen nur unbedeutende Überhitzungserscheinungen festgestellt werden, wenn von 840 bis 860°C gehärtet wurde. Auf den Kern-Kohlenstoffgehalt bezogen, liegen diese Temperaturen dicht bei der GSE-Linie.

Auf der anderen Seite wird durch die Randüberhitzung der Überkohlungsgefahr vorgebeugt. Bei einer Härtetemperatur von 880°C geht z. B. noch ein Kohlenstoffgehalt von 1,15% vollständig in feste Lösung und bleibt nach dem Abschrecken im Härtegefüge gebunden. Erst wenn der Kohlenstoffgehalt 1,15% überschreitet, kann sich das versprödend wirkende freie Eisen-Karbid-Netzwerk (Netzzementit) ausbilden (Abschnitt 5,14). Legierte Stähle neigen in stärkerem Maße zur Überkohlung als unlegierte.

Die Doppelhärtung versucht beiden Forderungen gerecht zu werden: der nach vollständiger Kornrückfeinung des Kernes und der nach günstigster Randhärtung. Zunächst wird von der für den Kern günstigsten Temperatur gehärtet, so daß der Kern vollständig rückgefeint ist. Nach einer eventuellen Zwischenglühung erfolgt dann die Schlußhärtung von der für den Rand günstigsten Temperatur.

Darüber hinaus sind noch verschiedene Kombinationen zwischen den geschilderten Verfahren möglich, auf die jedoch nicht näher eingegangen werden soll, da sie nicht von grundlegendem Interesse sind. Die direkte Härtung aus dem Einsatz (900°C) sollte nur für untergeordnete Teile angewendet werden, da das erzielte Härteergebnis stark streut und in der Einsatzschicht sehr viel schlechtere Eigenschaften erreicht werden.

Die im Vorhergehenden geschilderten Einsatzhärteverfahren und ihre Auswirkungen sind zum Zwecke besserer Übersichtlichkeit für die beiden gebräuchlichsten Einsatzstähle C15 (StC16.61) und 16MnCr5 (EC80) in Tab. 8 gegenübergestellt. Die hierbei bewährten Härtetemperaturen sind mit angegeben. Die mit den verschiedenen Verfahren erzielten Zähigkeits- und Festigkeitswerte überschneiden sich in ihren Streubereichen. Die in Tab. 8 angegebenen Unterschiede treten daher nur bei einer genügend großen Versuchsbasis hervor.

Die Wahl eines der drei Verfahren richtet sich nach den konstruktiven Gegebenheiten und Beanspruchungsverhältnissen und erscheint zunächst schwierig. In den seltensten Fällen hat der Konstrukteur genügenden Einblick in die werkstoffmechanischen Vorgänge, um die Auswirkung des Härteverfahrens auf die Eigenschaften eines Bauteiles mit Sicherheit beurteilen zu können. Der Härtereifachmann kennt zwar die Abhängigkeit zwischen Warmbehandlung und Werkstoffeigenschaften, kann aber oft nicht den Zusammenhang zwischen Werkstoffeigenschaften und Bewährung des Bauteiles im Betrieb übersehen. Aus diesem Grunde wurde eine Zeitlang für hochbeanspruchte, im Einsatz gehärtete Bauteile die Doppelhärtung angewendet.

Es hat sich aber gezeigt, daß die teuere und betrieblich umständliche Doppelhärtung in den meisten Fällen durch eines der Einfachhärteverfahren ersetzt werden kann ohne Einbuße an Haltbarkeit des Bauteiles. Um ein klares Bild hierüber zu gewinnen, muß man bei Auswertung der Angaben von Tab. 8 das Zusammenwirken zwischen Härteschicht und Kern beachten (Abschn. 4,4). Von besonderer Bedeutung ist auch hier wieder, daß bei allseitig im Einsatz gehärteten Teilen die Zähigkeit des Kernes nicht ausgenutzt werden kann. Die im folgenden aufgestellten Richtlinien (Tab. 9) geben jeweils das Verfahren an, welches die optimale Haltbarkeit des Bauteils gewährleistet, unter gleichwertigen Verfahren jedoch das billigste ist.

Es sei noch erwähnt, daß Warmbehandlungen vor der Einsatzhärtung ohne Einfluß auf die Eigenschaften des im Einsatz gehärteten Bauteiles sind, wenn die Einfachhärtung 2 oder die Doppelhärtung angewendet werden. So konnte ein zum Zwecke besserer Bearbeitbarkeit bewußt erzeugtes, außerordentlich grobes Gefüge durch die nachfolgende Einsatzbehandlung wieder vollständig rückgefeint werden. Es ist also jederzeit statthaft, einen Einsatzstahl zunächst zu vergüten, auf Grobkorn zu glühen oder zu normalisieren, um für die Verarbeitung erwünschte Eigenschaften zu erzielen.

5,13. Entspannen.

Im Einsatz gehärtete Teile müssen nach dem Härten bei 150 bis 200°C etwa 1 bis 2 Stunden entspannt werden. Hierdurch wird der durch die Härtung entstehende spröde und rißempfindliche „weiße“

Tabelle 8. *Übersicht der Einsatzhärteverfahren.*

Werkstoff	Verfahren	1. Härtung[1]	2. Härtung	Einsatzschicht	Kerbschlag-zähigkeit des Kerns	Kernfestigkeit
C15 (StC16.61)	Einfach-härtung 1	780—800° Wasser	—	einwandfrei	normal	an der unteren Grenze
	Einfach-härtung 2	880—900° Wasser	—	schlagempfindlicher, schleifrißempfindlicher	hoch	an der oberen Grenze
	Doppel-härtung	880—900° Wasser, Öl oder Warmbad	780—800° Wasser	einwandfrei	hoch	an der unteren Grenze
16MnCr5 (EC80)	Einfach-härtung 1	810—830° Öl oder Warmbad	—	einwandfrei	normal	im mittleren Bereich
		780—800° Öl oder Warmbad	—	einwandfrei	normal	an der unteren Grenze
	Einfach-härtung 2	850—870° Öl oder Warmbad	—	etwas schlagempfindlicher	hoch	an der oberen Grenze
	Doppel-härtung	850—870° Öl oder Warmbad	810—830° Öl oder Warmbad	einwandfrei	hoch	im mittleren Bereich
		850—870° Öl oder Warmbad	780—800° Öl oder Warmbad	einwandfrei	hoch	an der unteren Grenze

[1] Dieser Härtung geht beim Salzbadeinsatz ein direktes Abschrecken aus dem Bad voraus.

Tabelle 9. *Richtlinien für die Anwendung der Einsatzhärteverfahren.*

Allseitig oder teilweise eingesetzt	Beanspruchung der Oberfläche	Beanspruchung des gesamten Bauteils	Wandstärke	Beispiele	Geeignetes Härteverfahren
Allseitig	Sehr hoch, durch Schlag und Überrollen	Hohe Schlag- und Dauerbeanspruchung	Beliebig	Zahnräder, Wälzlagerringe, Kurbelwellen mit Rollenlagerung der Pleuel	Einfachhärtung 1
Allseitig	Auf gleitenden Verschleiß oder normal, durch Schlag und Überrollen	Hohe Schlag- und Dauerbeanspruchung	Größere Wandstärken, so daß „Einfachhärtung 1" nicht genügende Kernfestigkeit hat	Kurbelwellen mit Gleitlager	Einfachhärtung 2
Teilweise, gefährdeter Querschnitt nicht eingesetzt	Sehr hoch, durch Schlag und Überrollen	Keine hohen Einzelschläge	Beliebig	Pleuel mit Rollenlagerung	Einfachhärtung 1
Teilweise, gefährdeter Querschnitt nicht eingesetzt	Auf gleitenden Verschleiß oder normal, durch Schlag und Überrollen	Hohe Einzelschläge bei scharfer Kerbwirkung	Bei legiertem Stahl > 5 bis 10 mm, da sonst Kernfestigkeit Werte über 150 bis 160 kg/mm² erreichen kann	Antriebswellen von Lastwagen und schweren Fahrzeugen	Einfachhärtung 2
Teilweise, gefährdeter Querschnitt nicht eingesetzt	Sehr hoch, durch Schlag und Überrollen	Hohe Einzelschläge bei scharfer Kerbwirkung	Beliebig		Doppelhärtung

Martensit in den weniger spröden „schwarzen“ Martensit umgewandelt. Erst nach dem Entspannen erhalten im Einsatz gehärtete Teile ihre günstigsten Eigenschaften.

Die Oberflächenhärte sinkt durch das Entspannen um 1 bis 3 Rockwelleinheiten auf 58 bis 62 HRc. Durch die Notwendigkeit des Entspannens wird also die Oberflächenhärte praktisch auf maximal 62 HRc begrenzt. Höhere Anforderungen an die Härte im Einsatz gehärteter Teile zu stellen wäre widersinnig. Sie können von der Härterei nicht erfüllt werden. Das gleiche gilt sinngemäß auch für die anderen Oberflächenhärteverfahren (ausgenommen Nitrieren), da bei diesen ebenfalls in der Randzone Martensit entsteht.

5,14. Warmbehandlungsfehler.

Von den bei der Warmbehandlung möglichen Fehlern sollen drei in diesem Zusammenhang besonders interessierende herausgestellt werden.

a) Überkohlung. Der günstigste Kohlenstoffgehalt der Randschicht beträgt 0,9 bis 1,0%. Von Überkohlung spricht man, wenn nicht der gesamte Kohlenstoff im Martensitgefüge enthalten ist, sondern ein Teil in Form von freiem Eisenkarbid (Zementit) vorliegt. Freies Karbid bildet sich aus, wenn bei der Härtetemperatur nicht der gesamte Kohlenstoff in „feste Lösung“ gegangen ist. Liegt das freie Eisenkarbid in globularer (kugeliger) Form vor, so scheint es sich nach den neueren Beobachtungen nicht schädlich auszuwirken. Es wird sogar der Verschleißwiderstand erhöht. Bei netzförmiger Anordnung (Abb. 38) wird dagegen die Schicht schlagempfindlich. Zum Teil wurde ein Abfall der Dauerfestigkeit beobachtet.

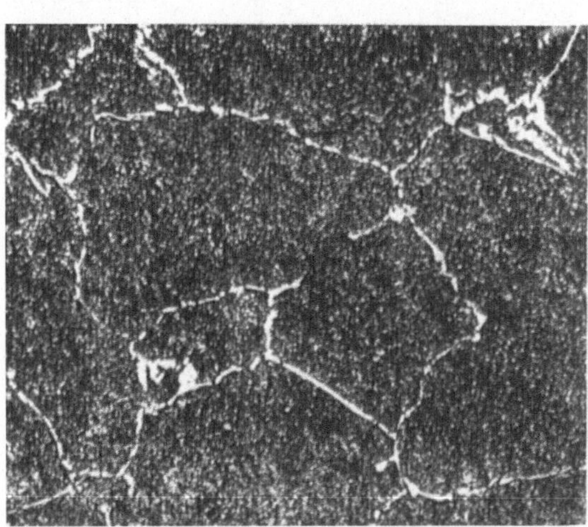

Abb. 38. Netzzementit in einer Einsatzschicht. Einsatztiefe $t = 2$ mm; $V = 580\times$.

Die Überkohlung hängt in erster Linie vom Einsatzmittel und vom Werkstoff ab. Legierte Stähle, besonders Chrom-Mangan-Einsatzstähle, neigen leichter zu Überkohlungserscheinungen als unlegierte Einsatzstähle. Sie erfordern milder wirkende Einsatzmittel. Ferner ist die Einsatztiefe von Einfluß. Oberhalb 1,5 mm Einsatztiefe sind Überkohlungen besonders an vorspringenden Ecken nicht mehr mit Sicherheit zu vermeiden. Der Kohlenstoff diffundiert an vorspringenden Ecken von zwei Seiten in den Werkstoff und reichert sich dadurch bedeutend stärker an als in der Randschicht einer glatten Oberfläche. Nur äußerst mild wirkende Einsatzmittel und verhältnismäßig niedrige Einsatztemperaturen setzen die Überkohlungsgefahr bei Einsatztiefen über 1,5 mm auf ein erträgliches Maß herab. Dabei sind jedoch sehr lange Einsatzzeiten erforderlich, wodurch das Verfahren unwirtschaftlich wird. Je höher die Härtetemperatur ist, desto mehr Kohlenstoff kann nach dem Eisen-Kohlenstoff-Diagramm (Abb. 37) in „feste Lösung" gehen. Hierin liegt eine Möglichkeit, der Überkohlung zu begegnen, die bei der Einfachhärtung 2 teilweise ausgenutzt werden kann.

b) Entkohlung. Ist die Haltezeit bei der Härtetemperatur zu lange, so tritt leicht in der äußersten Randzone eine Entkohlung ein, wenn aus dem Luftofen gehärtet wird. Die Folge ist eine dünne, an der Oberfläche liegende, weiche Schicht, die besonders die Dauerfestigkeit erheblich herabsetzt. Auch der Verschleißwiderstand läßt naturgemäß nach, bis die weiche Schicht abgenutzt ist.

Vermieden werden kann die Entkohlung durch kurze Haltezeiten während des Härtens oder durch Härten aus dem Salzbad. Wird die Einsatzschicht nachträglich geschliffen, so ist in den meisten Fällen die Schleifzugabe genügend groß, so daß die entkohlte Schicht beim Schleifen weggearbeitet wird.

c) Weichfleckigkeit. Von Weichfleckigkeit spricht man, wenn die Einsatzschicht durch eine größere Zahl weicher Stellen, die an sich hart sein sollen, unterbrochen wird. Auch hierdurch werden der Verschleißwiderstand und besonders die Dauerfestigkeit erheblich herabgesetzt. Die Ursache dieser Erscheinung kann in falschem Abschrecken liegen. Die Abschreckflüssigkeit bildet an der Werkstückoberfläche örtlich Dampfblasen, die eine rasche Abkühlung an den betreffenden Stellen verhindern. Es gibt aber auch Stähle, die zu Weichfleckigkeit besonders neigen.

Werden bei der Abnahme weichfleckige Werkstücke festgestellt, so müssen diese unbedingt ausgeschieden werden.

5,15. Dauerfestigkeit.

Die höchste Dauerfestigkeit im Einsatz gehärteter Teile ergibt sich bei Oberflächenhärten von 58 bis 62 HRc. Wird bei Temperaturen oberhalb 200°C entspannt, so sinkt die Oberflächenhärte unter 58 HRc und damit die Dauerfestigkeit (Abb. 39). Die Erklärung dieser Erscheinung ist in dem mit steigender Anlaßtemperatur fortschreitenden Zerfall des Härtegefüges Martensit in Übergangsgefüge zu suchen. Mit dem Martensitzerfall geht die ursprüngliche Volumenzunahme wieder zurück, wodurch die dauerfestigkeitssteigernden Druckeigenspannungen in der Randschicht abgebaut werden. Gleichzeitig nimmt die Zähigkeit der Einsatzschicht zu.

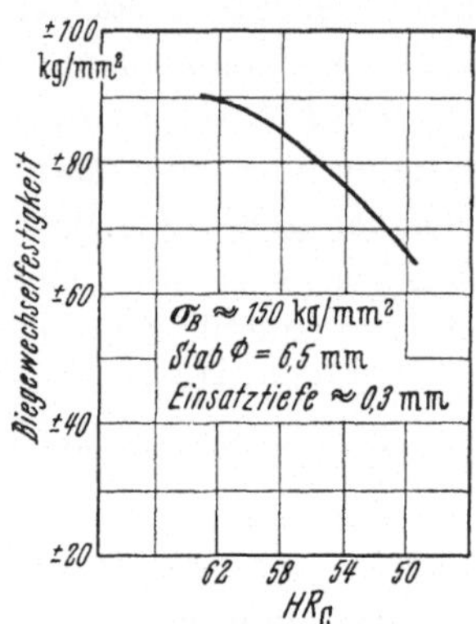

Abb. 39. Abhängigkeit der Biegewechselfestigkeit von der Härte angelassener Einsatzschichten.

5,16. Werkstoffe.

In Tab. 10 sind die gebräuchlichsten Einsatzstähle zusammengestellt. Um dem Konstrukteur die Auswahl unter der Vielzahl der im Laufe der Zeit entwickelten Stähle zu erleichtern, sind diese in fünf Kernfestigkeitsgruppen eingeteilt. Die σ_B-Werte beziehen sich auf den blindgehärteten Zustand bei 30 mm Wandstärke, so daß sie den Kernfestigkeiten im Einsatz gehärteter Bauteile entsprechen. Die angegebenen Werkstoff-Kennwerte und Zusammensetzungen sind als Richtwerte anzusehen. Insbesondere besteht eine Abhängigkeit der Kernfestigkeit von der Wandstärke.

Innerhalb der einzelnen Festigkeitsgruppen sind die Werkstoffeigenschaften praktisch gleich. Lediglich die nickellegierten Stähle weisen höhere Kerbzähigkeitswerte auf und verspröden besonders in der Kälte erst bei tieferen Temperaturen als die nickelfreien Stähle. Dieser Vorteil der nickellegierten Einsatzstähle berechtigt nicht ohne weiteres dazu, nur die Anwendung dieser Stähle zu fordern. Gerade bei Teilen, die an der Oberfläche gehärtet sind, ist die Zähigkeit des Kernes in vielen Fällen nur von untergeordneter Bedeutung. Auch treten verhältnismäßig selten Beanspruchungen bei tiefen Temperaturen auf. In dieser Hinsicht müssen die in den Abschn. 1,6 u. 4,4 erläuterten Zusammenhänge beachtet werden. Die im Laufe der letzten 15 Jahre schrittweise erfolgte Umstellung von nickelhaltigen auf nickelfreie Einsatzstähle konnte ohne größere Rückschläge vorgenommen werden. Sie bestätigt die Schlußfolgerungen, die sich aus den hier geschilderten Zusammenhängen ergeben, in der Praxis. Die Umstellung ging über die Chrom-Molybdän-Stähle zu den Chrom-Mangan-Stählen, in einigen Fällen sogar zu unlegierten Einsatzstählen.

Die Festigkeitsgruppen bis zu $\sigma_B = 80$ kg/mm² werden von den unlegierten und schwachlegierten Stählen gebildet. Volle Oberflächenhärte wird nur durch Abschrecken im Wasser erreicht. Man bezeichnet diese Stähle deshalb als Wasserhärter. Stähle höherer Kernfestigkeit müssen legiert sein, um eine noch ausreichende Zähigkeit zu erzielen.

Tabelle 10. *Werkstoffkennwerte der gebräuchlichsten Einsatzstähle.*

Kernfestigkeitsgruppe	Stahlbezeichnung nach DIN		Eigenschaften des blindgehärteten Kernes					Chemische Zusammensetzung					
	alt	neu	σ_B	$\sigma_{0,2}$	δ_5	δ_{10}	α_K[2]	C	Mn	Cr	Ni	Mo	
kg/mm²			kg/mm²		%		mkg/cm²						
< 50	StC10.61	C10[3]	~50	~29		> 14		0,1	< 0,5	—	—	—	
55—80	StC16.61	C15[3]	~55	~35		> 12	14	0,16	< 0,4	—	—	—	Wasserhärter
	EC30		55—70	> 35	> 14	> 10	12	0,13	0,5	0,4	—	—	
	EN15		60—80	39—52	20—10	15—8	20	0,14	< 0,5	—	1,5	—	
70—90	EC60	15Cr3	70—90	> 45	> 12	> 9	8	0,15	0,5	0,7	—	—	
80—120	EC80	16MnCr5	85—110	> 60	20—10	12—7	7	0,17	1,2	0,9	—	—	
	ECMo80		85—110	60—77	16—10	12—8	9	0,15	1,0	1,1	—	0,25	
	ECN25		80—100	56—70	20—14	14—10	20	0,13	< 0,5	0,75	2,5	—	
	ECN35		90—120	67—90	16—9	12—6	15	0,13	< 0,5	0,75	3,5	—	Ölhärter
110—145	EM200[1]		~140	~110		~8	~7	0,16	2,2	—	—	—	
	EC100	20MnCr5	110—145	> 75	12—7	10—5	6	0,21	1,3	1,3	—	—	
	ECMo100		110—145	83—110	13—7	9—5	7	0,20	1,1	1,2	—	0,25	
	ECN45		120—140	90—105	14—7	10—5	10	0,13	< 0,5	1,1	4,5	—	
	ECNMo[1]		110—145	85—110			12	0,18	0,5	2,0	2,0	0,25	

[1] Unter DIN nicht genormt.

[2] Große Charpy-Probe.

[3] C_K10 und C_K15 Stähle mit besonders kleinem Phosphor- und Schwefelgehalt.

Eine Steigerung der Kernfestigkeit durch Erhöhung des Kohlenstoffgehaltes unlegierter Einsatzstähle ist selbst unter Verzicht auf Kernzähigkeit nicht möglich, da die Werkstoffeigenschaften nach der Härtung bereits innerhalb desselben Werkstückes unzulässig stark schwanken. So wurden an einem Bauteil aus C_K 35 mit 0,3% Kohlenstoffgehalt nach dem Einsatzhärten Festigkeitswerte im Kern von 80 bis 160 kg/mm² bei Wasserhärtung gefunden. Ölhärtung ergab ausgeglichenere Kernfestigkeitswerte, jedoch mit 54 bis 55 HRc zu niedrige Oberflächenhärte. Bei Kernfestigkeiten über 80 kg/mm² ist also selbst bei vollständigem Verzicht auf Kernzähigkeit ein Mindestmaß an Legierungselementen notwendig. Die in Frage kommenden Stähle gehören in das Gebiet der Ölhärter.

5,2. Nitrierhärtung.

5,21. Verfahren.

Das Nitrieren wird meistens in Öfen gemäß Abb. 40 durchgeführt. Die fertig bearbeiteten Bauteile werden entfettet und in den Nitrierofen gelegt. Danach wird der Ofen dicht geschlossen. Anschließend werden die Teile auf Temperaturen zwischen 500 und 580°C erhitzt, wobei ein Ammoniakstrom darüber geleitet wird. Während des Glühprozesses wird dem Ofen laufend frisches Ammoniakgas zugeführt. Bei den angegebenen Temperaturen zerfällt das Ammoniak, und der freiwerdende, hochaktive Stickstoff diffundiert in die Randschicht der Werkstücke ein. Dort bildet er vor allem mit den Legierungselementen Chrom, Mangan, Aluminium und Vanadin äußerst harte Nitride. Nach Beendigung der Glühzeit, die sich nach der gewünschten Nitriertiefe richtet, läßt man die Teile im Ofen langsam abkühlen. Nach dem Abschalten des Ammoniaks kann man dann die Teile aus dem Ofen herausnehmen. Sie haben eine hellgraue Farbe, sind absolut zunderfrei und ohne weitere Wärmebehandlung fertiggehärtet. Im Gegensatz zu den im Einsatz gehärteten Teilen brauchen nitrierte Teile also nicht abgeschreckt zu werden.

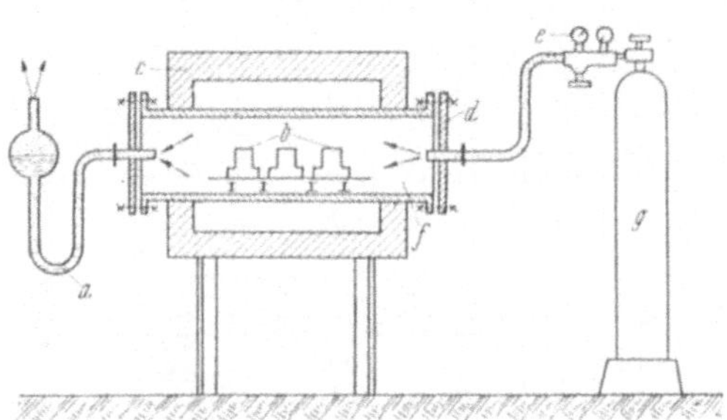

Abb. 40. Schema einer Nitrieranlage. *a* Wassersperre, *b* Werkstücke, *c* Muffelofen, *d* abnehmbarer Deckel, *e* Druckminderventil, *f* Rohr, *g* Ammoniakflasche.

Diese Art der Nitrierung ist etwa im Jahre 1920 aufgekommen. Sie geht auf A. Fry zurück. Man bezeichnet sie als Gasnitrieren im Gegensatz zu dem sich heute stärker durchsetzenden Badnitrieren, bei welchem die Teile in stickstoffabgebenden Salzbädern an der Oberfläche gehärtet werden.

Die Nitrierzeit-Tiefenkurve hängt in erster Linie von der Nitriertemperatur und vom Werkstoff ab (Abb. 41). Die Glühzeiten zur Erzielung einer bestimmten Härteschichttiefe sind länger als bei der Einsatzhärtung. Praktisch beträgt die höchste erreichbare Nitriertiefe etwa 0,4 mm. Höhere Werte sollten nur in Sonderfällen verlangt werden. Die äußerste Grenze liegt bei etwa 0,6 mm.

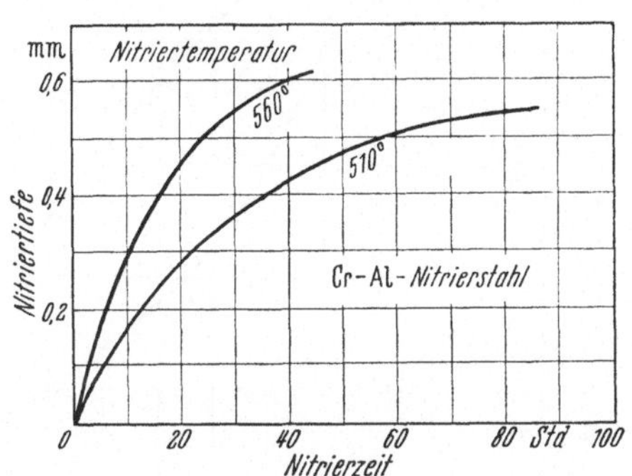

Abb. 41. Nitrierzeit-Tiefenkurve.

Gebiete, die nicht mitnitriert werden sollen, werden mit einem Zinn- oder Nickelüberzug geschützt. Abdeckpasten, die besonders Zinn und Nickel einsparen, haben sich nicht immer bewährt.

Die Vorzüge des Nitrierverfahrens liegen darin, daß man mit ihm besonders harte und verschleißfeste Oberflächen erzeugen kann. Es ergibt sich daraus seine Anwendung hauptsächlich für Plunger, Steckachsen, Zahnräder und für viele Teile des Präzisionsmaschinenbaus, die wegen der hohen Präzision nur ganz geringen Verschleiß haben dürfen. Weiter lassen sich (im Gegensatz zur Einsatzhärtung, wo der Verzug oft erhebliche Schwierigkeiten macht) durch Nitrieren der Werkstücke praktisch verzugsfrei härten. Es wird deshalb mit Vorteil dort angewendet, wo kein Verzug der Bauteile in Kauf genommen werden kann, z. B. bei Motorenzylindern, Zahnrädern, Gewinden, Schrauben, Kurbelwellen, Pleuelstangen, Ventilschäften, Kolbenstangen, Nadelbetten für Textilmaschinen, Preßformen u. a. Die Anlaßbeständigkeit der Nitrierschicht gestattet die Verwendung nitrierter Teile bis zu Betriebstemperaturen von 500° C. Da die Nitrierschicht auch sehr maßbeständig ist, eignet sich das Nitrieren gut zum Oberflächenhärten von Meßwerkzeugen. Über die Nachteile des Nitrierens s. Abschn. 5,23.

Mit der Nitrierhärtung werden ebenso wie mit der Einsatzhärtung gleichmäßige Härteschichten erzeugt. Querschnittsübergänge, Querbohrungen usw. lassen sich einwandfrei mitnitrieren. Bauteile, die besonders hohen spezifischen Flächendrücken (z.B. hochbeanspruchte Nocken) oder Schlagbeanspruchungen ausgesetzt sind, dürfen nicht nitriert werden.

5,22. Einfluß der Nitriertemperatur.

Als günstigste Nitriertemperatur wird im allgemeinen 510 bis 520° C angesehen. Bei niedrigeren Temperaturen findet keine genügende

Diffusion mehr statt. Höhere Temperaturen ergeben niedrigere Oberflächenhärtegrade (Abb. 42). Auf der anderen Seite wird durch die Anwendung höherer Nitriertemperaturen die zur Erzielung einer bestimmten Härteschichttiefe notwendige Nitrierzeit erheblich herabgesetzt.

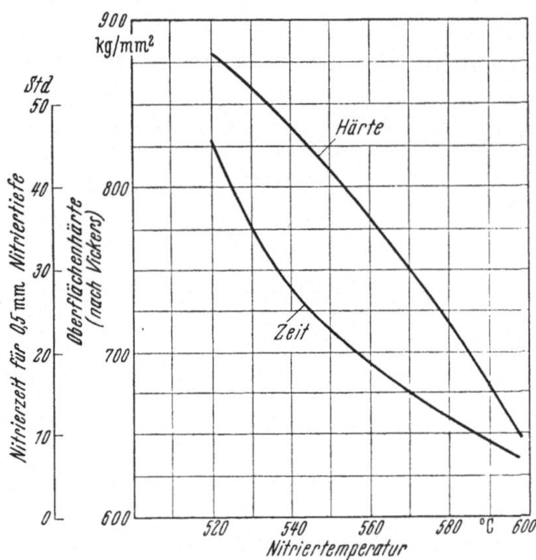

Abb. 42. Einfluß der Nitriertemperatur auf die Härte und Nitrierzeit. Cr-Mo-V-Nitrierstahl. Nach WIEGAND.

Auf die Dauerfestigkeit hat die Nitriertemperatur bis 560° C praktisch keinen Einfluß. Ebenso wird die Kernfestigkeit der normalerweise auf $\sigma_B = 80$ bis 120 kg/mm² vergüteten Nitrierstähle bis 560° C nicht beeinflußt. Die zur Erzielung dieser Vergütungsstufen notwendige Anlaßtemperatur liegt über 560° C.

Im Hinblick auf die Nitrierzeit und damit auf die Wirtschaftlichkeit des Verfahrens wird man also die Nitriertemperatur so hoch wählen, wie es mit der verlangten Oberflächenhärte gerade noch vereinbar ist. Zur Erzeugung einer Nitriertiefe von z. B. 0,5 mm werden nur noch 18 Stunden benötigt, wenn bei 560° C nitriert wird, gegenüber 45 Stunden bei 520° C. Die Härte beträgt hierbei etwa 62 HRc gegenüber 66 HRc (Chrom-Vanadin-Nitrierstahl). Mit Rücksicht auf diesen außerordentlichen Zeitgewinn sollte die Anforderung an die Oberflächenhärte nicht zu hoch geschraubt werden, soweit sich das auf Grund der vorliegenden Beanspruchung verantworten läßt, um die Anwendung von Nitriertemperaturen bis zu 560° C zu ermöglichen.

5,23. Eigenschaften der Nitrierschicht.

Die Härte der Nitrierschicht ist in erster Linie vom Werkstoff abhängig. Hinzu kommt der im vorhergehenden Abschnitt besprochene Einfluß der Nitriertemperatur. Mit geeigneten Stählen können Oberflächenhärten bis zu HV = 1000 kg/mm² erzielt werden, in Sonderfällen sogar bis HV = 1200 kg/mm². Nitrierschichten sind bedeutend spröder als Einsatzschichten. Bereits bei leichtem Anschlagen besteht die Gefahr, daß Risse in der Schicht entstehen, die zu Brüchen im Betrieb führen. Beim Transport und bei der Montage nitrierter Teile ist daher mit äußerster Vorsicht zu verfahren. Größere Teile werden zweckmäßig in Holzgestellen gelagert, die ein Umfallen verhüten und die Teile vor Anschlagen schützen. Bei der Montage sind selbst leichte Hammerschläge unzulässig. Es darf grundsätzlich nur mit dem Holz- oder Gummihammer gearbeitet werden. Die Nichtbeachtung dieser Eigenheiten hat zu schweren Rückschlägen geführt.

Besonders gefährlich ist eine über der eigentlichen harten Nitrierschicht sich ausbildende sehr dünne Randschicht aus weichen, aber äußerst spröden Eisennitriden.

Im Gegensatz zu den Härteschichten der übrigen Verfahren läßt die Sprödigkeit der Nitrierschicht nicht mit sinkender Härte nach. Nitrierschichten, die — bedingt durch den Werkstoff — z. B. nur eine Härte von 52HRc haben, sind ebenso spröde wie solche mit 70HRc.

In der Natur des Verfahrens liegt es, daß Nitrierschichten nicht ausgeglüht werden können, wie etwa die durch Abschreckhärtung entstandenen harten Randschichten der übrigen Verfahren. Der Effekt der Härtung beim Nitrieren beruht ja nicht auf Gefügeumwandlungen, die durch Abschrecken von höherer Temperatur beeinflußt und durch Erwärmen wieder rückgängig gemacht werden, sondern auf der Bildung harter Nitride durch die Anreicherung der Randschicht mit Stickstoff. Durch Glühen bei Temperaturen über 560°C kann lediglich die Festigkeit des vergüteten Stahles herabgesetzt werden.

Die Sprödigkeit der Nitrierschicht sollte auch bei der Konstruktion berücksichtigt werden, indem z. B. scharfe, vorspringende Ecken vermieden oder abgerundet werden, da diese besonders leicht abplatzen.

In der Praxis haben sich folgende Nitriertiefen bewährt:

0,05 bis 0,1 mm für Muttern, Schrauben, dünnwandige Teile bis 2 mm Wandstärke oder Durchmesser, Zahnräder mit Modul unter 1 mm.

0,1 bis 0,2 mm für Teile über 2 mm Wandstärke oder Durchmesser, weniger beanspruchte Zahnräder mit Modul 1 bis 2,5 mm.

0,2 bis 0,3 mm für Kolbenbolzen, Stößel, Laufflächen für Gleitlager, weniger beanspruchte Zahnräder mit Modul über 2,5 mm.

0,3 bis 0,4 mm für Kurbelwellen.

5,24. Dauerfestigkeit.

Durch die Anreicherung der Randschicht mit Stickstoff findet eine Volumenzunahme statt, die zu Druckeigenspannungen in der Randzone führt. Hiermit wird durch Nitrieren die Dauerfestigkeit ebenso gesteigert wie bei den anderen Verfahren. Im Gegensatz zu diesen ist jedoch die Steigerung der Dauerfestigkeit unabhängig von der Härte der Nitrierschicht.

Die Härte hängt davon ab, ob der Werkstoff Legierungselemente enthält (Chrom, Molybdän, Aluminium, Vanadin), die harte Nitride bilden. Die Volumenzunahme und die damit zusammenhängende Steigerung der Dauerfestigkeit tritt jedoch bei Stickstoffdiffusion stets auf, auch wenn nur weiche oder weniger harte Nitride entstehen.

In Tab. 11 sind die Ergebnisse von Dauerbiegeversuchen an nitrierten Stäben aus legierten Vergütungsstählen und ausgesprochenen Nitrierstählen zusammengestellt. Trotz der unterschiedlichen Nitriertiefen bei den einzelnen Versuchen ist zu erkennen, daß die Steigerung der Dauerfestigkeit durch Nitrieren nicht von der Oberflächenhärte abhängt.

Tabelle 11. *Steigerung der Biegewechselfestigkeit verschiedener Nitrier- und Vergütungsstähle durch Nitrieren.*
(Umlaufbiegung, Stab ∅ 6,5 mm.)

DIN-Bezeichnung	Stahlart	Kernfestigkeit σ_B	Härte der Nitrierschicht HV	Tiefe der Nitrierschicht	Steigerung der Biegewechselfestigkeit glatt	Steigerung der Biegewechselfestigkeit Kreiskerbe
		kg/mm²			%	%
	Mn-V-Vergütungsstahl	101	570	~0,35	50	115
37 MnSi 5	Mn-Si-Vergütungsstahl	119	660	0,35	26	100
50 CrV 4	Cr-V-Vergütungsstahl	110	600—650	0,48	43	100
	Cr-V-Nitrierstahl	102	800—880	0,3	32	63
	Cr-Mo-V-Nitrierstahl	115	800	0,22	29	—

Die Dauerfestigkeit nitrierter Teile ist somit, abgesehen von der konstruktiven Form, lediglich von der Nitriertiefe und der Kernfestigkeit abhängig.

5,25. Werkstoffe.

Grundsätzlich lassen sich alle Stähle nitrieren. Härten über 58 HRc werden jedoch nur mit Stählen erreicht, die Chrom enthalten und mindestens eines der Elemente Aluminium, Molybdän oder Vanadin.

Praktisch kommen also für die Nitrierung nur legierte Stähle zur Anwendung, die zur besten Ausnutzung des Werkstoffes auf $\sigma_B = 80$ bis 120 kg/mm² vergütet werden. Die Anlaßtemperaturen für die Vergütungsstufe von $\sigma_B = 120$ kg/mm² liegt bei diesen Stählen zwischen ca. 560 und 600° C, so daß — bedingt durch die Nitriertemperatur von

500 bis 560°C — der Kernfestigkeit mit etwa $\sigma_B = 120$ kg/mm² nach oben eine Grenze gesetzt ist.

Die Stahlwerke haben eine Reihe von Nitrierstählen entwickelt, mit denen Oberflächenhärten über 64 HR_c erreicht werden können. In Tab. 12 sind die Kennwerte von vier gebräuchlichen Nitrierstählen bei den üblichen Vergütungsstufen zusammengestellt. Der Chrom-Aluminium-Stahl neigt mitunter zu starker Zeilenbildung (Ferritzeilen) und bereitet daher z. B. bei Einstechdreharbeiten öfters Schwierigkeiten.

Tabelle 12. *Werkstoffkennwerte gebräuchlicher Nitrierstähle.* (S. a. Stahl-Eisen-Werkstoffblatt 850—47.)

Stahlbezeichnung nach DIN	Erreichbare Oberflächenhärte HV	Eigenschaften des vergüteten Kernes, bis 80 ∅				Chemische Zusammensetzung					
		σ_B	$\sigma_{0,2}$	δ_5	α_K	C	Cr	Mo	Ni	V	Al
	kg/mm²	kg/mm²	kg/mm²	%	mkg/m²						
29CrV9	> 750	100—115	> 80	> 11	5	0,29	2,3	—	—	0,17	—
34CrAl6	> 900	80—100	> 60	> 12	5	0,34	1,4	—	—	—	1,1
31CrMoV9	> 750	100—115	> 80	> 11	6	0,30	2,3	0,2	—	0,12	—
33CrAlNi7	> 900	100—115 bis 80 ∅	> 80	> 12		0,33	1,7	—	1,0	—	1,1
		80—100 100 bis 250 ∅	> 60	> 14	9						

Der Mo-legierte Stahl 31CrMoV9 besitzt eine höhere Warmfestigkeit und Dauerstandfestigkeit und eignet sich daher besonders für Teile, die Temperaturen von etwa 500°C ausgesetzt sind, z. B. Heißdampfarmaturenteile. Der Stahl 33CrNi7 besitzt hohe Durchvergütungsfähigkeit. Er findet besonders für Teile mit großen Querschnitten Anwendung. Die Auswahl der Stähle wird man ferner unter Berücksichtigung der erreichbaren Oberflächenhärte vornehmen.

5,3. Flammenhärtung.

5,31. Verfahren.

Die Flammenhärtung, die auch Brennhärtung oder Autogenhärtung genannt wird, verdankt ihre Einführung dem Bedürfnis, einfacher, rascher und billiger an der Oberfläche härten zu können, als es mit dem Einsatzhärten oder Nitrierhärten möglich ist. Insbesondere ist es für Betriebe mit Großserien- oder Massenproduktion mit Rücksicht auf einen ungehinderten Arbeitsablauf geradezu notwendig, die Bauteile gleich im Zuge der Fließfertigung an der Oberfläche zu härten, damit sie nicht den oft sehr zeitraubenden Weg über die Zentralhärterei machen müssen. So entstanden Einrichtungen, die nicht mehr den Charakter

Abb. 43. Maschine zum Flammenhärten von Kurbelwellen. Nach GRÖNEGRESS. Gleichzeitiges Härten sämtlicher Lagerstellen.

von Härteanlagen haben, sondern als Härtemaschinen anzusprechen sind, die in die Fließstraße eingebaut werden können. Man nennt sie Brennhärtemaschinen oder Flammenhärtemaschinen (Abb. 43 u. 44).

Abb. 44. a) Vielzweck-Flammenhärtemaschine „Multidur“ mit angebautem Werkstück-Auflagetisch.

Dabei muß man sich klar darüber sein, daß die Oberflächenhärte beim Flammenhärten auf andere Weise zustande kommt als bei den bisher beschriebenen Verfahren. Beim Einsatzhärten wird dem Stahl Kohlenstoff zugeführt, damit die Oberfläche härtbar wird. Beim Nitrieren wird Stickstoff zugeführt, wodurch die harten Nitride entstehen. Beim Flammenhärten dagegen wird gar nichts zugeführt, sondern es wird lediglich das sonst übliche durchgreifende Härten (Abschn. 1,3) von härtbaren Stählen an der Oberfläche durchgeführt. Dabei geht man so vor, daß die Randschichten des Bauteils mit Acetylen- oder Leuchtgasflammen innerhalb von Sekunden bis wenigen Minuten auf die Härtetemperatur gebracht und anschließend mit einem Wasserstrahl abgeschreckt werden. Durch die außerordentlich intensive und rasche Wärmezufuhr, die mit einer Flammentemperatur von 2800 bis 3200°C erreicht wird, staut sich die Wärme in den Randschichten (Wärmestau) und findet keine Zeit, in das Innere des Werkstücks abzufließen. Der Kern ist also an dem ganzen Warmbehandlungsvorgang überhaupt nicht beteiligt.

Abb. 44 b) Härtung eines Stirnrades mittels Doppelflankenbrenner mit angebauter Abschreckbrause. Nach „Pyrodur", Vereinigte Härtemaschinen-Gesellschaft m. b. H.

Bei der praktischen Durchführung verwendet man zum Erhitzen der Oberfläche Brenner (ähnlich wie Schweißbrenner) und zum Abschrecken Brausen (Wasser). Man unterscheidet zwei verschiedene Verfahren: die Mantelhärtung und die Linienhärtung. Bei der *Mantelhärtung* wird das ganze zu härtende Gebiet vom Brenner erwärmt. Handelt es sich um kurze Wellen oder Achsen, dann läßt man das Werkstück mit einer Umfangsgeschwindigkeit von 8 bis 12 m/min vor dem feststehenden Härtebrenner rotieren (Umlaufhärtung). Nach Erreichen der Härtetemperatur wird der Brenner abgeschaltet und zurückgezogen, und eine Brause schreckt das mit gleicher Geschwindigkeit umlaufende Werkstück ab. Handelt es sich um noch kleinere Teile, dann werden diese auf einem beweglichen Tisch aufgesetzt und ruckweise im Takt der Erhitzungszeit unter dem feststehenden Brenner und der ebenfalls feststehenden Brause hindurchgeführt (Aufsatzhärtung). Ist die zu härtende Fläche breiter als der Brenner, so läßt man diesen hin- und herpendeln (Pendelhärtung).

Die *Linienhärtung* wird dort angewendet, wo die zu härtende Fläche so groß ist, daß sie nicht auf einmal, sondern nur in Linien oder Streifen nacheinander gehärtet werden kann. Handelt es sich um große, ebene Flächen, wie z. B. bei Lokomotivgleitbahnen oder bei schweren Zahnrädern und Zahnkränzen, dann wird der Brenner mit einer der gewünschten Härtetiefe entsprechenden Geschwindigkeit über die zu härtende Fläche vorgeschoben und gleich hinterher abgeschreckt (Vorschubhärtung). Die Lagerstellen starker Wellen werden so gehärtet, daß die Welle sich langsam an Brenner und Brause vorbeidreht. Dadurch wird am Ende einer Umdrehung der gehärtete Anfang von der

Flamme wieder erwärmt. Es entsteht eine schmale Zone (der Schlupf), die nicht die volle Härte hat (Schlupfhärtung). Lange Wellen müssen nach dem Umlauf-Vorschub-Verfahren gehärtet werden. Dazu werden Ringbrenner benutzt, an welchen die Brause gleich angeschraubt ist.

Die gebräuchlichsten Härteschichttiefen liegen zwischen 1,0 und 4,0 mm. Es können jedoch Tiefen bis 12 mm erreicht werden. Zur Erzeugung von 1,0 mm tiefen Schichten ist bereits äußerste Sorgfalt und genaue Abstimmung zwischen Flammenabstand, Vorschubgeschwindigkeit und Wandstärke des Werkstückes notwendig. Dünnere Schichten zu erzielen ist mit Sicherheit praktisch nicht mehr möglich.

Die Flammenhärtung eignet sich besonders zur Oberflächenhärtung örtlich begrenzter Gebiete, die jedoch möglichst glatte Form haben sollen. Kerben und Eindrehungen in glatten Wellen sind noch mit härtbar. Hohlkehlen in Querschnittsübergängen dagegen können nur mit besonderen Vorrichtungen einwandfrei an der Oberfläche gehärtet werden. Ebenso werden zur Härtung des Zahngrundes von Zahnrädern besondere Verfahren angewandt, bei denen häufig der Zahnkopf nicht mehr einwandfrei gehärtet wird. In den meisten praktisch ausgeführten Fällen läuft die Härteschicht im Querschnittsübergang und im Übergang zum Zahngrund aus. Bei hochdauerbeanspruchten Teilen muß daher das einwandfreie Mithärten der Querschnittsübergänge bzw. des Zahngrundes in der Zeichnung ausdrücklich gefordert werden (Abschnitt 4,7). Querbohrungen und Innenbohrungen unter 8 Ø lassen sich mit der Flamme nicht härten. Abb. 45 zeigt den Verlauf der Härteschicht bei verschiedenen Konstruktionsformen. Die Anwendung des Verfahrens ist also durch die konstruktive Gestalt beschränkt. Die kleinste noch härtbare Wandstärke beträgt 8 bis 10 mm.

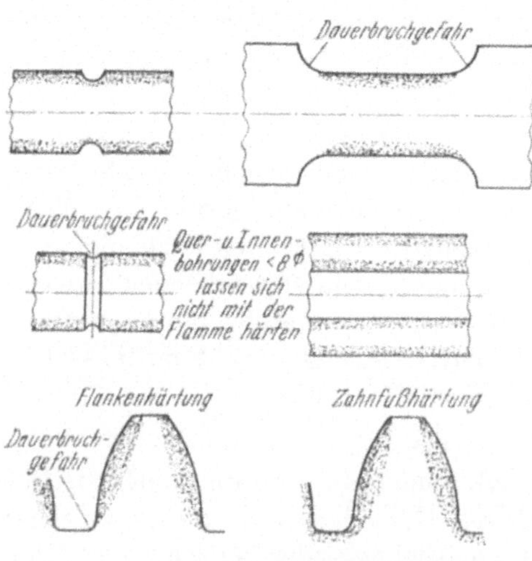

Abb. 45. Verlauf der Härteschicht in Bauteilen, die mit der Flamme gehärtet sind.

Ferner gestattet die Flammenhärtung die örtliche Härtung großer sperriger Werkstücke ohne den sonst notwendigen Aufwand an großen Öfen und Abschreckbädern. Da nur die zu härtenden Oberflächengebiete erwärmt und abgeschreckt werden, ist der Verzug viel geringer als bei der Einsatzhärtung. Dieser Vorteil, den die

Flammenhärtung mit der auch sonst in vieler Hinsicht ähnlichen Induktionshärtung gemeinsam hat, ist oft für die Wahl des Härteverfahrens entscheidend.

5,32. Eigenschaften der Randschicht und Ausbildung der Übergangszone.

Die erreichbaren Oberflächenhärten hängen von der Werkstoffzusammensetzung ab und liegen bei den normalerweise zur Anwendung kommenden Stählen zwischen 53 und 62 HRc. Zur Erzielung einer vollen Randhärte von 58 bis 62 HRc, wie sie bei der Einsatzhärtung verlangt wird, ist ein Mindestkohlenstoffgehalt von 0,6% notwendig, wenn reine Kohlenstoffstähle zur Anwendung kommen. Niedrigerer Kohlenstoffgehalt muß durch Legierungselemente — vor allem Mangan, Silizium und Chrom — ausgeglichen werden.

Wird der Stahl im normalisierten oder niedrigvergüteten Zustand mit der Flamme gehärtet, so bildet sich die übliche Härteverteilung nach Abb. 12 aus. Ist dagegen der Stahl auf höhere Festigkeit vergütet, so muß zwischen der Übergangszone, die noch teilgehärtet wird, und dem Kern, der an der Warmbehandlung überhaupt keinen Anteil mehr

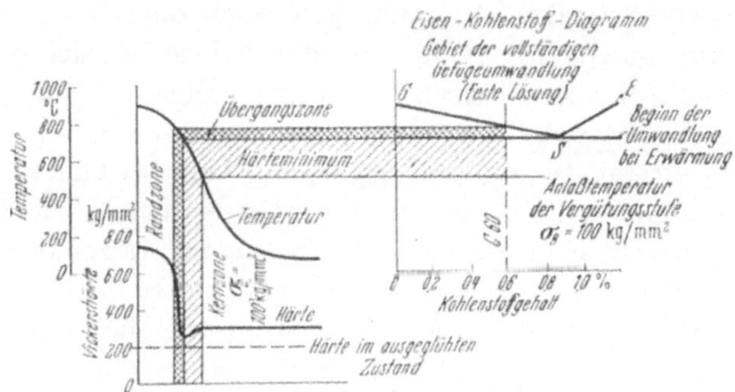

Abb. 46. Temperatur- und Härteverteilung bei der Flammenhärtung eines vergüteten C60 (StC60.61).

hat, eine Zone liegen, in der die Temperaturen für eine Härtung zwar zu niedrig sind, aber noch ausreichen, um den Stahl anzulassen. Es entsteht eine Zwischenzone, in der Härte und Festigkeit niedriger als im Kern liegen (Abb. 13).

Die inneren Vorgänge, die zur Ausbildung eines Härteminimums führen, sind ziemlich kompliziert. Betrachtet man die Temperaturverteilung während des Flammenhärtens, so treten vier Zonen auf (Abb. 46):

1. In der Randzone liegen die Temperaturen über der GS-Linie des Eisen-Kohlenstoff-Diagramms, d. h. also im Gebiet der festen Lösung. Es kann demnach eine volle Härtung erzielt werden, sofern die Einhärtetiefe des Werkstoffes ausreicht (s. Abschn. 5,34).

2. In der Übergangszone liegen die Temperaturen zwischen der Perlitlinie und der GS-Linie. Da nur ein Teil des Werkstoffes in feste Lösung gegangen ist, kann nur eine Teilhärtung erreicht werden.

3. In der Zone des Härteminimums liegen die Temperaturen unter der Perlitlinie, aber über der Anlaßtemperatur des vergüteten Grundwerkstoffes. Hier besteht also die Möglichkeit einer Anlaßwirkung auf niedrigere Härte und Festigkeit als im Kern.

4. Im Kern liegen die Temperaturen unter der Anlaßtemperatur der entsprechenden Vergütungsstufe und haben keinerlei Einfluß mehr.

Nun sind aber alle Umwandlungsvorgänge in starkem Maße zeitabhängig. Und zwar benötigen Anlaßvorgänge bedeutend mehr Zeit als die Überführung des Vergütungsgefüges in feste Lösung an der Perlitlinie und darüber. Daraus folgt, daß die Ausbildung des Härteminimums größenmäßig von der Dauer der Erwärmung abhängt. Im allgemeinen ist die Warmbehandlungszeit beim Flammenhärten so kurz, daß die Härte und Festigkeit nicht auf die Werte des ausgeglühten Werkstoffes absinken können. Das Härteminimum vollkommen zu unterdrücken, gelingt jedoch bei der Flammenhärtung nicht.

Auf die besonders der Flammen- und teilweise auch der Induktionshärtung eigentümliche Härteverteilung bei Anwendung höhervergüteter Stähle wird hier deshalb näher eingegangen, weil diese bisher vielfach zu wenig beachtet worden ist. Häufig wird sogar die Meinung geäußert, daß eine derartige Härteverteilung ungefährlich sei, da sich das Härteminimum nur auf einen begrenzten Raum erstreckt. Nun geht aber aus den in Abb. 22 gezeigten Spannungsverteilungen und aus den in der Praxis beobachteten Dauerbruchausgängen (Abb. 14) klar hervor, daß bei Dauerbeanspruchung häufig die höchstbeanspruchten Gebiete dicht unter der Härteschicht liegen. Das gleiche gilt für wälzende Beanspruchung, z. B. Hubzapfen von Kurbelwellen mit Rollenlagern, Zahnrädern usw. Ferner ist zu beachten, daß wahrscheinlich im Gebiet des Härteminimums zusätzliche Zugeigenspannungen durch die Anlaßvorgänge und die damit verbundene Volumenabnahme entstehen, wodurch die Beanspruchung des an sich schon gefährdeten Gebietes weiterhin erhöht wird. Die größenmäßige Ausdehnung des Gebietes, in dem das Härteminimum auftritt, spielt keine Rolle, da Dauerbrüche stets von örtlichen Überbeanspruchungen ihren Ausgang nehmen. Erst wenn die Ausdehnung des Härteminimums größenordnungsmäßig unter der Kristallgröße des betreffenden Werkstoffes liegt ($^1/_{100}$ bis $^1/_{10}$ mm), dürfte es nicht mehr schädlich wirken.

Genauere Untersuchungen über die Auswirkung eines Härteminimums in der Härteverteilung an der Oberfläche gehärteter Teile sind den Verfassern nicht bekanntgeworden. Auf jeden Fall ist es aber notwendig, ein Bauteil, an dem die Flammenhärtung neu erprobt wird, daraufhin zu untersuchen, in welchem Ausmaße ein solches Minimum auftritt. Besonders zu beachten ist, daß diese Erscheinung nicht nur unter der Härteschicht, sondern auch in ihren seitlichen Ausläufern auftritt (Abb. 47). Das gerade bei der Flammenhärtung häufig zu beobachtende Auslaufen der Härteschicht in einem dauerbruchgefährdeten Querschnitt stellt zusammen mit dem Einfluß des Härteminimums eine nicht tragbare Gefährdung des Bauteiles dar.

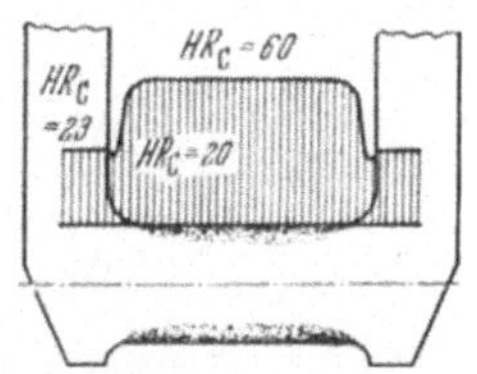

Abb. 47. Härteminimum in den seitlichen Ausläufern eines mit der Flamme gehärteten Kurbelwellen-Hubzapfens. Nach GRÖNEGRESS.

Durch die hohe Geschwindigkeit, mit der die Wärme zugeführt werden muß, ist man gezwungen, die Härtetemperatur höher als sonst üblich zu wählen. Die Gefahr einer Überhitzung, d. h. einer Kornvergröberung, besteht jedoch wegen der Kürze der Glühzeit nicht.

Mit der Flamme gehärtete Bauteile müssen genau so wie im Einsatz gehärtete bei 150 bis 200°C entspannt werden. Den Abfall der Randhärte von 1 bis 3 Rockwelleinheiten bei einer Oberflächenhärte von rund 62 bis 65 HRc muß dabei in Kauf genommen werden, um eine hochwertige Randschicht zu erzielen, die nicht zum Abblättern, zu Schleifrissen und zur Schlagempfindlichkeit neigt. In der Praxis wird dieses Entspannen nur allzuoft unterlassen.

5,33. Dauerfestigkeit.

Hinsichtlich der Steigerung der Dauerfestigkeit steht die Flammenhärtung den übrigen Verfahren nicht nach. Aber gerade bei diesem Verfahren müssen zur Vermeidung von Fehlschlägen die Vorgänge beachtet werden, die zu einer Dauerfestigkeitssteigerung führen (Abschnitt 4,7). Die Forderung einer gleichmäßigen, nicht unterbrochenen Härteschicht im dauerbruchgefährdeten Gebiet ist mit der Flammenhärtung oft nur schwer oder gar nicht zu erfüllen. Deshalb sei hier noch einmal auf die außerordentliche Gefahr des Auslaufens der Härteschicht in Querschnittsübergängen (Abb. 27 u. 47) hingewiesen. Die Dauerhaltbarkeit sinkt in diesen Fällen unter die des nicht an der Oberfläche gehärteten Bauteiles.

Bei richtiger Anwendung des Verfahrens lassen sich Dauerfestigkeitssteigerungen in der gleichen Größenordnung wie bei der Einsatzhärtung erreichen. Tab. 13 gibt die Ergebnisse einiger Versuche an verschiedenen Probeformen wieder.

Die Anwendung der Flammenhärtung ist einerseits bei dauerbeanspruchten Teilen durch die konstruktive Form beschränkt. Auf der anderen Seite eröffnet sich ihr ein weites, bisher nur wenig ausgenütztes Feld durch die Möglichkeit, tiefere, die Dauerfestigkeit steigernde Härteschichten an Bauteilen großer Wandstärke wirtschaftlich zu erzielen (Abschn. 4,8). Bei der Einsatzhärtung würden die üblichen Härteschichttiefen bereits bei einer Wandstärke von 20 mm unter dem Bestwert liegen. Hier aber beginnt die Flammenhärtung erst unter wirklich günstigen Bedingungen zu arbeiten.

Tabelle 13. *Dauerfestigkeitssteigerung durch Flammenhärtung* (Werkstoff: C35 [StC35.61]). Nach GRÖNEGRESS.

Probestab	Belastungsart	Dauerfestigkeit ungehärtet	Dauerfestigkeit flammengehärtet
		kg/mm²	kg/mm²
glatt	Umlaufbiegung	±30,5	±56,5
gekerbt	Umlaufbiegung	±20,4	±50,0
glatt	Torsion	±18,8	±34,7

5,34. Werkstoffe.

Für die Flammenhärtung können alle Vergütungsstähle verwendet werden. Die mit den einzelnen Stählen erreichbaren Oberflächenhärten sind sehr unterschiedlich. Bei einem Kohlenstoffgehalt von mindestens 0,6% bzw. bei genügenden Mengen von Legierungselementen (C = 0,5%; Mn = 1%; Cr = 1,5%) lassen sich Oberflächenhärten von 58 bis 62 HRc ohne Schwierigkeiten erzielen.

Der Werkstoffwahl liegen im wesentlichen drei Gesichtspunkte zugrunde:

1. Die Oberflächenhärte. Ob ein Vergütungsstahl bei der Flammenhärtung die gewünschte Oberflächenhärte annimmt, läßt sich in erster Annäherung durch einen einfachen Härteversuch an dünnen Scheiben nachweisen, wobei als Abschreckmittel Wasser verwendet werden muß.

2. Die Kerneigenschaften. Da der Kern und die nicht an der Oberfläche gehärteten Gebiete keinen Anteil an der Warmbehandlung haben, sind die Kerneigenschaften am gleichen Werkstoff durch Vergüten in weiten Grenzen regelbar. Die Beurteilung der Verwendungsfähigkeit eines Stahles in dieser Hinsicht erfolgt also auf Grund seiner bei verschiedenen Vergütungsstufen erzielbaren Eigenschaften. Die Durchvergütungsfähigkeit muß beachtet werden.

3. Die Härtetiefe. Bei Härtetiefen über 4 mm müssen legierte Stähle verwendet werden. Das Durchhärtevermögen reiner Kohlenstoffstähle reicht nicht aus, um in Tiefen über 4 mm noch eine genügende Härtewirkung zu erzielen, obgleich dort bis zur Härtetemperatur erwärmt worden ist.

4. Bei legierten Stählen kommt noch die Frage hinzu, ob der Stahl die scharfe Wasserhärtung ohne Reißen verträgt. Die heute gebräuchlichen legierten Vergütungsstähle, die nur wenige Prozente an Legierungselementen enthalten und meistens nickel- und oft molybdänfrei sind, dürften wohl im allgemeinen die Wasserabschreckung während der Oberflächenhärtung vertragen. (Diese Aussage gilt natürlich nur für die auf die Randzone beschränkten Oberflächenhärteverfahren. Bei der Härtung des gesamten Bauteils, wie sie zur Vergütung notwendig ist, muß in Öl abgeschreckt werden.) Die konstruktive Gestalt spielt hierbei ebenfalls eine Rolle, so daß diese Frage endgültig nur durch den praktischen Versuch beantwortet werden kann. Gelegentlich werden zur Vermeidung von Rißbildung nach dem Mantelhärteverfahren erwärmte Teile im Ölbad abgeschreckt.

Tabelle 14. *Werkstoffkennwerte einiger für die Induktions- und Flammenhärtung gebräuchlicher Vergütungsstähle.* (Weitere Stähle s. Stahl-Eisen-Werkstoffblatt 830—50.)

Stahlbezeichnung nach DIN alt	neu	Erreichbare Oberflächenhärte HR		Eigenschaften im vergüteten Zustand σ_B[1]	$\sigma_{0,2}$	δ_5	α_K	Chemische Zusammensetzung C	Mn	Si	Cr	V
				kg/mm²	kg/mm²	%	mkg/cm²					
StC45.61	C_k45	bis 40 mm 40 bis 100 mm	55—61 51—57	60—72	> 36	> 18		0,45	0,6	0,4		
	C_f56	bis 40 mm 40 bis 100 mm	58—63 54—59	65—80	> 42	> 15		0,56	0,6	0,3		
VMS 135	37 MnSi 5	52—58		80—95	> 55	> 14	> 6	0,37	1,2	1,2		
VCV 150	50 CrV 4	58—63		100—120	> 80	> 10	> 5	0,5	0,8	< 0,4	1,1	0,2

[1] Vergütungsstufe für Werkstücke mit einer Wandstärke bis zu 100 mm.

In Tab. 14 sind die Kennwerte einiger genormter Vergütungsstähle zusammengestellt, die für die Flammenhärtung geeignet sind und sich bereits bewährt haben. Das Stahl-Eisen-Werkstoffblatt 830—50 (Okt. 1950) enthält statt des in Tab. 13 angegebenen hochvergütungsfähigen Cr-V-Stahles 50 Cr-V 4 den Cr-Mo-Stahl 50 Cr-Mo 4, während im Stahl-Eisen-Werkstoffblatt 830—47 (März 1947) der Cr-V-Stahl noch angegeben ist. Die Frage Cr-V-Stahl oder Cr-Mo-Stahl wird wohl weniger von metallurgischen Überlegungen und Erfahrungen, als vielmehr von den jeweiligen wirtschaftspolitischen Verhältnissen und der Rohstofflage beeinflußt.

Stahlguß läßt sich genau so wie die entsprechenden Stahlsorten mit der Flamme härten, ebenso auch Gußeisen und schwarzer Temperguß. Weißer Temperguß kann nicht mit der Flamme gehärtet werden, da er durch das Tempern an der Oberfläche völlig entkohlt ist. Will man weißen Temperguß mit der Flamme härten, so muß er vorher aufgekohlt werden (s. Konstr.-Beisp. 14).

5,4. Induktionshärtung.

5,41. Verfahren.

Die Vorgänge im Werkstoff sind bei der Induktionshärtung im Prinzip die gleichen wie bei der Flammenhärtung. Lediglich die Art der Wärmeerzeugung ist eine andere. Während bei der Flammenhärtung die Wärme von außen her an die Oberfläche des Werkstücks herangebracht wird, wird sie bei der Induktionshärtung direkt im Werkstück durch induktive Ströme erzeugt.

Eine wenige Millimeter von der Werkstückoberfläche entfernte und mit Wechselstrom gespeiste Induktionsspule induziert im Werkstück Wechselströme hoher Amperezahl. Durch den Skineffekt (Hauteffekt) werden die Ströme in die Randschichten des Werkstücks gedrängt und erwärmen diese auf Härtetemperatur. Sodann wird mit einem Wasserstrahl abgeschreckt. Je höher die Frequenz ist, desto stärker wird der Skineffekt, d. h. desto geringer ist die Tiefe der Randzone, in der der Strom wirksam ist. Die Tiefe der Härteschicht läßt sich somit durch die Wahl der Frequenz im Zusammenhang mit elektrischer Leistung und Haltezeit (Vorschubgeschwindigkeit) regeln.

Nach den getroffenen Festlegungen liegen die Mittelfrequenzen im Bereich von 500 und 10000 Hz und die Hochfrequenzen oberhalb 50000 Hz. Für die Induktionshärtung kommen Frequenzen bis zu 5000000 Hz zur Anwendung. Für Mittelfrequenzen werden Maschinenumformer verwendet. Zur Erzeugung von Hochfrequenzen sind die teureren Röhrenumformer notwendig.

Die üblichen Hochfrequenz-Induktionshärtemaschinen arbeiten mit Frequenzen zwischen 200000 Hz und 1500000 Hz. Sie ermöglichen Härteschichttiefen von 0,2 bis 1,5 mm. Zur Erzeugung tieferer Härteschichten muß man mit Mittelfrequenzen arbeiten. Bei einer Frequenz von 10000 Hz erzielt man Härteschichten von etwa 6 mm Tiefe. Bei 2000 Hz erhält man Einhärtetiefen von etwa 20 mm. Abb. 48 zeigt als Beispiel eine Hochfrequenz-Härtemaschine mit Röhrengenerator zum Oberflächenhärten von Gewindespindeln in den Abmessungen von 20 bis 50 mm Durchmesser bis zu 2 m Gewindelänge. Eine weitere Induktionshärtemaschine ist in Abb. 58 gezeigt. Die Energiemenge zur Erwärmung von 1 cm^2 Oberfläche beträgt etwa 2 kW bei Mittelfrequenz und 1 kW bei Hochfrequenz.

Die Anwendung der Induktionshärtung erfordert einen großen maschinellen Aufwand. Hinzu kommen die für jedes Bauteil neu zu entwickelnden Vorrichtungen und Spulensätze. Das benötigte Investitionskapital beschränkt die Anwendung der Induktionshärtung von vornherein auf die ausgesprochene Massenfertigung. Induktionshärtemaschinen können in die Fertigungsstraße eingegliedert werden.

Grundsätzlich unterscheidet man zwischen der Standhärtung, bei der die Glühspule den gesamten an der Oberfläche zu härtenden Bereich erfaßt (analog der Mantelhärtung bei der Flammenhärtung) und der Vor-

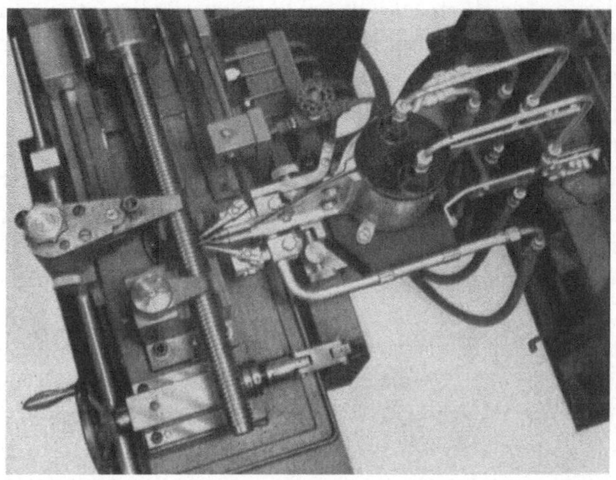

Abb. 48. Maschine zur induktiven Härtung von Leitspindeln. AEG.

schubhärtung, bei der Spule und Abschreckdüsen eine kontinuierliche Relativbewegung zum Werkstück ausführen. Die einzelnen Verfahrensbedingungen sind von der Gestalt des Bauteiles, der Spulenanordnung und der Art des Verfahrens abhängig. Da sie nur von rein härtereitechnischem Interesse sind, sollen sie hier nicht näher betrachtet werden.

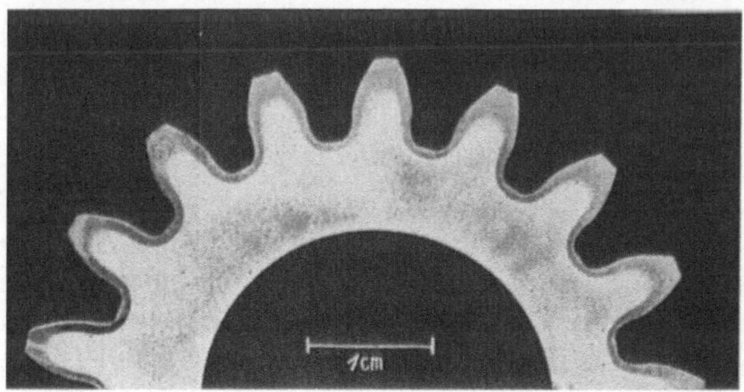

Abb. 49. Härteverlauf an einem induktiv gehärteten Zahnrad. Nach SIEMENS.

Ähnlich wie bei der Flammenhärtung bereitet das Mithärten von Querschnittsübergängen Schwierigkeiten. Immerhin sind in dieser Hinsicht in speziellen Fällen beachtliche Ergebnisse erzielt worden. Abb. 49 zeigt den besonders im Zahngrund einwandfreien Verlauf der Härteschicht eines induktiv gehärteten Zahnrades. Das Zahnrad wurde im Allzahn-Härteverfahren gehärtet. Die Spule umfaßt dabei das gesamte

Rad, während im Einzelzahnverfahren eine stabförmige Spule jeweils nur die zu einer Zahnlücke gehörenden Flanken mit Zahngrund härtet. Die Induktionshärtung scheint im Hinblick auf Erzielung eines günstigen Verlaufes der Härteschicht bei kleineren Teilen etwas anpassungsfähiger zu sein als die Flammenhärtung. Grundsätzlich ist die Anwendung der Induktionshärtung durch die konstruktive Form des Bauteiles ebenso beschränkt wie die der Flammenhärtung.

Der Vorzug der Induktionshärtung besteht in der Erzeugung praktisch unbegrenzt tiefer wie auch verhältnismäßig dünner Schichten. Sie erlaubt eine sichere Beherrschung der Wärmeerzeugung und eine damit verbundene Regelbarkeit und gleichmäßige Güte der Härteschicht. Der Arbeitsgang der Oberflächenhärtung wird mit dem Induktionsverfahren in hohem Grade mechanisiert.

Induktions- und Flammenhärtung überschneiden sich auf vielen Anwendungsgebieten. So werden z. B. Kurbelwellen, Nockenwellen, Gleitbahnen von Werkzeugmaschinen, Zahnräder, Bolzen und viele andere Teile mit beiden Verfahren gehärtet, ohne daß ein Güteunterschied bestehen würde. Die Wahl des einen oder anderen Verfahrens erfolgt vielfach auf Grund wirtschaftlicher Überlegungen, die für jeden Einzelfall gesondert angestellt werden müssen. Hierbei spielen auch die Stückzahlen, die vorhandenen Einrichtungen und Fachkräfte eine Rolle.

5,42. Werkstoff, Randschicht und Härteverteilung.

Die Werkstoffauswahl erfolgt nach den gleichen Gesichtspunkten wie bei der Flammenhärtung (Abschn. 5,34 und Tab. 14).

Für die Eigenschaften der Randschicht gelten grundsätzlich die Ausführungen in Abschn. 5,32. Hinsichtlich der Ausbildung eines Härteminimums in der Härteverteilung höher vergüteter Werkstücke ist mit Bezug auf die Induktionshärtung das folgende hinzuzufügen.

Bei Anwendung sehr hoher Frequenzen, wie sie zur Erzeugung dünner Schichten notwendig sind, gelingt es, die Ausbildung eines Härteminimums zu unterdrücken oder zumindest die räumliche Ausdehnung auf die Größenordnung der Kristalle zu beschränken. Die im Vergleich zur Flammenhärtung noch kürzeren Glühzeiten, die bis auf 0,4 s herabgesetzt werden können, reichen nicht mehr aus, um im vergüteten Werkstoff eine Anlaßwirkung herbeizuführen. In der Härteverteilung über den Querschnitt des induktiv gehärteten Zahnrades in Abb. 49 trat trotz der hohen Vergütungsstufe von $\sigma_B = 110 - 130\ \mathrm{kg/mm^2}$ kein Härteminimum auf. Größere Härteschichttiefen bedingen längere Glühzeiten, so daß vor allem bei Anwendung von Mittelfrequenzen die Ausbildung eines Härteminimums auch mit dem Induktionshärteverfahren nicht zu vermeiden ist.

5,5. OCe-Härtung.

5,51. Verfahren.

Bei der OCe-Härtung[1] wird das geringe Durchhärtevermögen reiner Kohlenstoffstähle zur Erzeugung einer harten Randschicht ausgenutzt. Der Name dieses Verfahrens ist aus den Anfangsbuchstaben der beiden Worte „**O**hne **C**ementation“ gebildet, womit angedeutet ist, daß es sich um eine Oberflächenhärtung ohne Zementation, also ohne Einsetzen handelt. Bei der OCe-Härtung wird das ganze Werkstück durch und durch auf die Härtetemperatur erwärmt, im Warmbad von etwa 200° C abgeschreckt und anschließend in ruhender Luft abgekühlt. Dieser Vorgang bewirkt, daß gleichzeitig mit der Härtung des Randes eine Vergütung des Kernes stattfindet.

Normalerweise werden die Vergütungsgefüge durch Härten und nachträgliches Anlassen erzeugt (Abschn. 1,3). Dabei ist es zur vollen Durchhärtung eines Stahles notwendig, diesen von der Härtetemperatur mit der „kritischen Abkühlungsgeschwindigkeit“ abzuschrecken, damit die Gefügeumwandlungen an der GSE-Linie und an der Perlitlinie unterdrückt werden. Bei niedrigeren Abkühlungsgeschwindigkeiten finden die Gefügeumwandlungen bei niedrigeren Temperaturen statt, als die Linien im Eisen-Kohlenstoff-Diagramm angeben. Hierbei entstehen ebenfalls Vergütungsgefüge.

Nun ist naturgemäß die Abkühlungsgeschwindigkeit am Rand eines gleichmäßig durchgewärmten Werkstückes am größten und nimmt zum Kern hin ab. Reine Kohlenstoffstähle härten deshalb nur wenige Millimeter tief ein. Legierungselemente — vor allem Mangan, Chrom, Nickel — setzen die „kritische Abkühlungsgeschwindigkeit“ herab. Damit wächst bei gleichem Abschreckmittel die Einhärtetiefe. Die Wirkung der Legierungselemente kann so stark werden, daß das Werkstück vollkommen durchhärtet. Abb. 50 zeigt die Härteverteilung eines reinen Kohlenstoffstahles mit geringem Einhärtevermögen und eines legierten Stahles mit tieferem Einhärtevermögen. Die Härteverteilung des reinen Kohlenstoffstahles ähnelt der eines oberflächengehärteten Teiles.

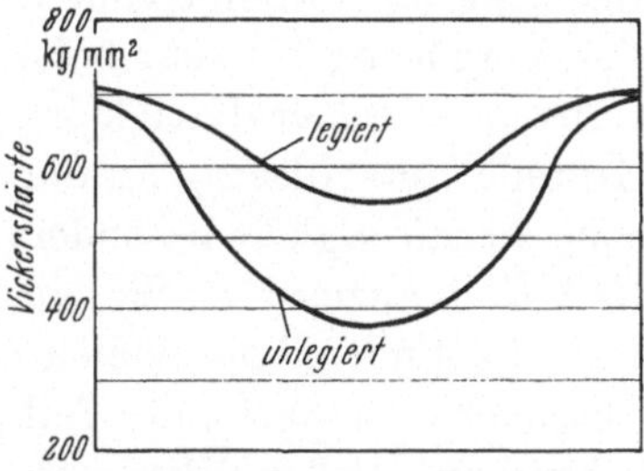

Abb. 50. Härteverteilung über den Querschnitt eines legierten und eines unlegierten, gehärteten Stahles.

Das Abschrecken der Teile im Warmbad vermindert den Verzug und die Härterißgefahr. Die mit dem OCe-Verfahren erreichbaren Härteschichttiefen liegen zwischen 0,8 und 2 mm.

[1] DRP 707639 (Röchlingstahl GmbH., Völklingen-Saar) vom 26. 4. 35; Verfahren zum Härten von Zahnrädern mit gehärteter Oberfläche und zähem Kern.

Praktisch kommt das Verfahren nur für allseitig an der Oberfläche zu härtende Teile in Frage. Vorstehende Gebiete, Ecken, Nasen, Zähne härten weitgehend durch. Im Kerbgrund, Querschnittsübergängen und Zahngrund bilden sich keine einwandfreien Härteschichten aus. Querbohrungen lassen sich mithärten, wenn ihr Durchmesser so groß ist, daß genügende Mengen an Abschreckflüssigkeit in die Bohrung kommen können. Die Härteschicht verläuft nur bei glatter Konstruktionsform gleichmäßig, z. B. bei glatten Wellen. Bei komplizierteren Teilen ist der Verlauf der Härteschicht ungleichmäßig und die Härteschichttiefe bei Verwendung eines bestimmten OCe-Stahles in starkem Maße von der Gestalt abhängig. Abb. 51 zeigt den ungefähren Verlauf der Härteschicht bei verschiedenen Konstruktionsformen.

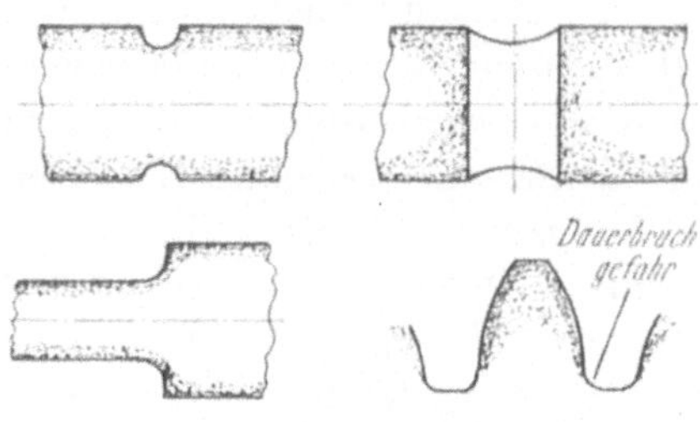

Abb. 51. Verlauf der Härteschicht in Bauteilen, die nach dem OCe-Verfahren gehärtet sind.

Die Anwendung des Verfahrens ist ziemlich beschränkt. Dafür liegen die Warmbehandlungskosten sehr niedrig, so daß die Wahl dieses Verfahrens in manchen Fällen erwogen werden muß. In Frage kommen Zahnräder, Zahnstangen, verzahnte Kupplungen und Bauteile ähnlicher Form.

5,52. Kerneigenschaften.

Wenn auch die Abschreckgeschwindigkeit im Werkstückinnern nicht ausreicht, um dort eine volle Härtung zu erzielen, so findet doch im Kern eine Vergütung auf sehr hohe Festigkeit statt. OCe-gehärtete Bauteile besitzen eine Kernfestigkeit bis zu $\sigma_B = 150$ bis $170\ \text{kg/mm}^2$. Da die Bauteile stets allseitig an der Oberfläche gehärtet sind, ist eine derart hohe Kernfestigkeit besonders im Hinblick auf die Dauerfestigkeit nur als Vorteil anzusehen. Soll ausnahmsweise nur örtlich gehärtet werden, z. B. die Enden von Wellen oder Bolzen, so nimmt der nicht an der Oberfläche zu härtende Teil des Werkstückes nicht an der Warmbehandlung teil und kann vorher auf die gewünschte Festigkeitsstufe vergütet werden. Während der Oberflächenhärtung wird nur das zu härtende Wellen- oder Bolzenende in einem Salzbad auf Härtetemperatur gebracht. Zwischen dem an der Oberfläche gehärteten Gebiet und dem vergüteten Gebiet liegt allerdings eine Anlaßzone niederer Festigkeit. Aus der der OCe-Härtung eigenen sehr hohen Kernfestigkeit können praktisch keine Nachteile erwachsen.

5,53. Dauerfestigkeit.

Für die Dauerfestigkeit ist auch bei diesem Verfahren in erster Linie der Verlauf der Härteschicht maßgebend. Hier sind der OCe-Härtung enge Grenzen gesetzt.

Zum Vergleich mit den in Abb. 33 wiedergegebenen Ergebnissen von Dauerversuchen an Zahnrädern, die im Einsatz gehärtet waren, wurden gleichartige Versuche an OCe-gehärteten Rädern durchgeführt. Die Dauerhaltbarkeit der OCe-Räder lag 20 bis 30% unter den Bestwerten der im Einsatz gehärteten Räder. Dieses Ergebnis ist allein auf das Auslaufen der OCe-Härteschicht im Übergang zum Zahngrund zurückzuführen. Der Bruchausgang lag genau am Auslauf der Härteschicht.

Gelingt es, im bruchgefährdeten Gebiet eine einwandfreie Härteschicht zu erzeugen, so sind auf Grund der hohen Kernfestigkeit erhebliche Dauerfestigkeitssteigerungen bei Anwendung der OCe-Härtung zu erwarten.

5,54. Werkstoffe.

Für die OCe-Härtung kommen Sonderstähle mit einem Kohlenstoffgehalt von etwa 0,8% und sehr engen Analysengrenzen zur Anwendung (Tab. 15). Durch Hinzulegieren von Mangan in verschiedenen Mengen erhält man eine OCe-Stahlreihe für verschiedene Einhärtetiefen. Je

Tabelle 15. *Für OCe-Härtung genormte Stahlsorten.* Nach BÜHLER.

Markenbezeichnung	Werkstoff Nr.	Chemische Zusammensetzung in %							
		C	Si	Mn	P	S	Cr	Ni	V
76Ni1	6970	0,75 bis 0,80	0,10 bis 0,20	0,25 bis 0,35	<0,025	<0,025	0,10 bis 0,15	0,10 bis 0,20	<0,05
79Ni1	6971	0,75 bis 0,85	0,20 bis 0,30	0,45 bis 0,55	<0,025	<0,025	0,10 bis 0,20	0,10 bis 0,20	<0,05
83Ni1	6972	0,80 bis 0,90	0,20 bis 0,30	0,70 bis 0,85	<0,025	<0,025	0,20 bis 0,30	0,10 bis 0,30	<0,05

höher der Mangangehalt, desto geringer ist die kritische Abschreckgeschwindigkeit und desto höher die Einhärtetiefe. Durch den hohen Kohlenstoffgehalt werden Härten von 58 bis 63 HRc ohne Schwierigkeit erzielt.

Zur Vermeidung von Verwechslungen, die sofort zu Härtereiausschuß führen würden, ist eine sorgfältige und gewissenhafte Lagerhaltung sowie eindeutige und auffallende Kennzeichnung des Ausgangsmaterials notwendig.

5,6. Überblick über die Oberflächenhärteverfahren.

Um die Eigenheiten der einzelnen Verfahren besser überblicken und gegeneinander abwägen zu können, sind diese mit ihren besonderen Merkmalen in einer Übersicht zusammengestellt (Tab. 16). Sie soll dem Konstrukteur als erster Anhalt dienen, mit dem er sich in dem weitverzweigten Gebiet der Oberflächenhärtung zurechtfinden kann.

Betrachtet man die Übersicht, so ist zu erkennen, daß es eine Universallösung nicht gibt. Jedem Verfahren ist ein ihm eigenes An-

Tabelle 16. *Übersicht der*

Verfahren	Oberflächenhärte HRc	Härteschichttiefe mm	Kernfestigkeit σ_K kg/mm²	Verlauf der Härteschicht
Einsatzhärtung	58—62	0,1—1,5	50—150 je nach Stahlsorte	Gleichmäßige Schicht, unabhängig von der Gestalt der Teile. Nicht zu härtende Gebiete können abgedeckt werden
Nitrierhärtung	60—70 je nach Stahlsorte	0,1—0,4	85—110 je nach Stahlsorte und Vergütungsstufe	Gleichmäßige Schicht, unabhängig von der Gestalt der Teile. Nicht zu härtende Gebiete können abgedeckt werden
Flammenhärtung	50—60 je nach Stahlsorte	1,0 — 12	60—120 je nach Stahlsorte und Vergütungsstufe	Mithärten von Querschnittsübergängen, Querbohrungen, Innenbohrungen, schwierig bzw. unmöglich. Verlauf der Schicht abhängig von der Gestalt der Teile
Induktionshärtung	50—60 je nach Stahlsorte	0,5—50	60—120 je nach Stahlsorte und Vergütungsstufe	Mithärten von Querschnittsübergängen, Querbohrungen, Innenbohrungen, schwierig bzw. unmöglich. Verlauf der Schicht abhängig von der Gestalt der Teile. Etwas größere Anpassungsfähigkeit als Flammenhärtung bei kleinen Teilen
O-Ce-Härtung	60—63	0,8—2,0	130—170 abhängig von Wandstärke und Gestalt	Stark abhängig von der Gestalt. Im Zahngrund, Querschnittsübergängen und Kerben keine einwandfreie Härteschichten. Vor allem für einfache Teile

wendungsgebiet vorbehalten. Wohl können sich die Anwendungsgebiete überschneiden, nicht aber wird das eine Verfahren das andere völlig beiseitedrängen können. Aufgabe des Konstrukteurs ist es, in engster Zusammenarbeit mit dem Härtereifachmann und Werkstoffingenieur dasjenige Verfahren auszuwählen, das den an das Bauteil gestellten Anforderungen am nächsten kommt. Hierbei wird man meistens, wie bei der Lösung aller technischen Aufgaben, einen Kompromiß eingehen müssen. Je ausgewogener die Kompromißlösung ist, desto vollkommener wird die gestellte Aufgabe erfüllt.

Wenn auch die Entwicklung der Einsatz- und Nitrierhärtung schon seit längerer Zeit als abgeschlossen betrachtet werden kann, so ist doch bei der Flammen-, Induktions- und OCe-Härtung noch mit bedeutenden

Oberflächenhärteverfahren.

Wärmebehandlung	Aufwand an Einrichtungen Wirtschaftlichkeit	Steigerung der Dauerfestigkeit
Gesamtes Bauteil nimmt an der Wärmebehandlung teil. Langzeitiges Einsatzglühen. Härten	Normale Härtereieinrichtung. Hohe Betriebskosten infolge langer Glühzeiten	In jedem Falle erreichbar
Gesamtes Bauteil nimmt an der Wärmebehandlung teil. Sehr lange Glühzeiten, bei verhältnismäßig geringer Temperatur (500—580°). Geringer Verzug, da kein Abschreckhärten	Nitrierofen. Hohe Betriebskosten infolge sehr langer Glühzeiten. Kosten für Abschreckhärtung entfallen	In jedem Falle erreichbar
Örtliche Härtung. Kern und nicht zu härtende Gebiete nehmen an der Wärmebehandlung nicht teil. Wärmebehandlungszeit nur wenige Minuten. Geringer Verzug	Einfache Flammenhärtevorrichtung. Evtl. besondere Härtevorrichtungen für die jeweiligen Teile. Normale Investitionskosten. Öfen entfallen. Kurze Stückzeiten	Hängt vom einwandfreien Verlauf der Härteschicht ab
Örtliche Härtung. Kern und nicht zu härtende Gebiete nehmen an der Wärmebehandlung nicht teil. Wärmebehandlungszeit nur wenige Sekunden. Geringer Verzug. Sichere Beherrschung der Wärmezufuhr. Gute Regelbarkeit der Härtetiefe	Maschinen- bzw. Röhrenumformer. Vollmechanische Härtevorrichtungen. Spulensätze. Hohe Investitionskosten. Sehr kurze Stückzeiten. Für ausgesprochene Massenfertigung	Hängt vom einwandfreien Verlauf der Härteschicht ab
Gesamtes Bauteil wird oberflächengehärtet. Einzelne Gebiete können nicht abgedeckt werden. Kurze Wärmebehandlungszeit	Normales Salzbad. Warmbad. Kurze Stückzeiten. Höhere Lagerhaltungskosten	Hängt vom einwandfreien Verlauf der Härteschicht ab

Weiterentwicklungen zu rechnen, besonders im Hinblick auf den Verlauf der Härteschichten.

6. Konstruktionsbeispiele.

Die Ausführungen in den vorhergehenden Abschnitten haben gezeigt, daß die Wahl des Verfahrens, des Werkstoffes, der Oberflächenhärte, der Härteschichttiefe und des Härteschichtverlaufes von mehreren Gesichtspunkten abhängt. Sowohl Beanspruchungscharakteristik, Beanspruchungshöhe und Gestalt des Bauteiles, als auch Aufwand an Betriebseinrichtungen, Stückzahl, Härteverzug, Stückzeiten, fließende Fertigung und spanabhebende Bearbeitbarkeit des Werkstoffes vor und nach dem Härten müssen berücksichtigt werden.

Im folgenden werden nun diejenigen Überlegungen, die für eine erfolgreiche und leistungssteigernde Anwendung der Oberflächenhärtung notwendig sind, an praktischen Beispielen angestellt und hieraus die jeweiligen Zeichnungsvorschriften abgeleitet. Normvorschriften über die Zeichnungseintragung an der Oberfläche gehärteter Teile bestehen noch nicht. Das hier angewandte Schema hat sich in der Praxis bewährt und kann daher als Richtlinie dienen. Vielfach wird außer der Kennzeichnung der an der Oberfläche zu härtenden Gebiete noch der Zusatz angebracht: „Alle übrigen Gebiete müssen weich sein“ oder auch „Alle übrigen Gebiete können hart sein“. Der Zusatz kann wegfallen, wenn einerseits für den Betrieb grundsätzlich die Vorschrift besteht, nur die bezeichneten Gebiete an der Oberfläche zu härten. Andererseits darf der Konstrukteur bei der Einsatz- und Nitrierhärtung grundsätzlich nur die Oberflächengebiete weich lassen, die aus Festigkeits- oder Fertigungsgründen unbedingt weich sein müssen. Hierdurch werden unnötige Abdeckarbeiten vermieden. Bei der Flammen- und Induktionshärtung dagegen sollen nur die notwendigsten Gebiete an der Oberfläche gehärtet werden.

Die angeführten Beispiele erheben keinen Anspruch auf Vollständigkeit. Das gesamte Gebiet der Oberflächenhärtung ist so vielseitig, daß immer wieder Sonderfälle auftreten können. Die Mehrzahl aller an der Oberfläche gehärteten Teile läßt sich jedoch einem der charakteristischen Beispiele zuordnen.

Der Anteil der einzelnen Verfahren an der Summe der Beispiele ist kein Maßstab für die Bedeutung der Verfahren in der Praxis.

Beispiel 1: *Buchse für Nadellager* (Abb. 52).

Die hohe örtliche Pressung durch die Nadeln (Hertzsche Pressung) erfordert eine volle Oberflächenhärte von HRc = 60 bis 64. Da die Buchse in einem Gehäuse eingepreßt ist, treten keine zusätzlichen Beanspruchungen auf. Das Teil könnte deshalb aus einem durchhärtenden Stahl, z. B. Kugellagerstahl, gefertigt und gehärtet werden. Zu berücksichtigen ist jedoch die spanabhebende Bearbeitbarkeit des Stahles vor dem Härten. In der Massenfertigung würde sich ein leicht zu bearbeitender Stahl besonders bei der Herstellung der Bohrung und der planen Stirnfläche in der Bohrung mit einem Spezialwerkzeug in einer Verbilligung der Herstellungskosten auswirken. Einsatzstahl mit einer Kernfestigkeit von $\sigma_B = 40$ kg/mm² im normalisierten Zustand läßt sich naturgemäß bedeutend leichter zerspanen als ein Kugellagerstahl mit $\sigma_B = 75$ kg/mm² im weichgeglühten Zustand. Die höheren Wärmebehandlungskosten des Einsatzverfahrens werden durch den niedrigeren Rohmaterialpreis zum Teil ausgeglichen. Ferner entfällt das langzeitige Weichglühen des Rohmaterials, das beim Kugellagerstahl zur Erzielung spanabhebender Bearbeitbarkeit notwendig ist, so daß insgesamt die Einsatzhärtung wirtschaftliche Vorteile bringt.

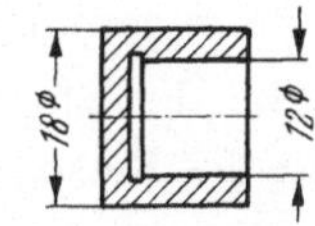

Abb. 52. Allseitig im Einsatz gehärtete Buchse. *Zeichnungsvorschrift:* allseitig im Einsatz gehärtet $t = 0{,}6$—$0{,}8$ mm HRc = 60—64 Einfachhärtung 1 Werkstoff: C_k15

Beim Härten von Werkstücken aus durchhärtenden Stählen können Härterisse besonders an scharfen Ecken und Querschnittsübergängen entstehen. Wenn auch der Härteausschuß durch Risse auf einen geringfügigen Prozentsatz herabgedrückt werden kann, so ist doch eine Prüfung der Teile notwendig. Im vorliegenden Falle ist das härterißgefährdete Gebiet (in der Bohrung) für die Prüfung nicht zugänglich. Bei der Einsatzhärtung dagegen treten Härterisse praktisch nicht auf, da in der gehärteten Zone stets Druckeigenspannungen herrschen.

Für die Buchse hat sich aus diesen Gründen die allseitige Einsatzhärtung als vorteilhaft erwiesen. Die Einsatztiefe ist wegen der hohen örtlichen Pressung mit 0,6 bis 0,8 mm im Verhältnis zur Wandstärke hoch. Es verbleibt aber immer noch ein zäher Kern von etwa $^1/_3$ Wandstärke, der vollkommen ausreicht, da keine zusätzlichen Beanspruchungen auftreten. Als Werkstoff ist der unlegierte Einsatzstahl C_k 15 gewählt worden, der bei einer Wandstärke von 3 mm eine Kernfestigkeit von etwa $\sigma_B = 80$ bis 90 kg/mm² durch das Härten erreicht. Um der Härteschicht beste Eigenschaften gegenüber wälzender Beanspruchung zu geben, wird die Einfachhärtung 1 durchgeführt (s. Tab. 8 u. 9).

Gleiche oder ähnliche Gesichtspunkte gelten für viele gehärtete Lagerbuchsen und kompliziert geformte Kleinteile, die normalerweise durchgehärtet werden. Am wirtschaftlichsten ist für diese Teile das Einsetzen im Salzbad C 5, Abschrecken im Warmbad und Härten aus dem Salzbad GS 540/C 3 von der für die Einfachhärtung 1 gültigen Temperatur.

Beispiel 2: *Bohrplatte* (Abb. 53).

Für harte Werkzeuge wie Schnitte, Stanzen, Matrizen, Drückstempel, Bohrbuchsen usw. werden im allgemeinen durchhärtende Werkzeugstähle angewendet.

Bei der abgebildeten Bohrplatte sprechen jedoch, ähnlich wie im Falle des Beisp. 1, folgende Gründe für die Anwendung der Oberflächenhärtung, und zwar in diesem Falle der Einsatzhärtung:

Abb. 53. Im Einsatz gehärtete Bohrplatte.

Zeichnungsvorschrift: —·—·—
im Einsatz gehärtet
$t = 0{,}5$—0,7 mm
HRc = 58—62
Einfachhärtung 2
Werkstoff: C_k 15

a) Der Preisunterschied zwischen unlegiertem Einsatzstahl und legiertem Werkzeugstahl (Ölhärter). Unlegierter Werkzeugstahl könnte wegen der schroffen Wasserabschreckung und damit verbundenen Härterißgefahr nicht verwendet werden.

b) Einsatzstahl läßt sich sehr viel leichter bearbeiten als Werkzeugstahl.

c) An den Stellen, die nicht hart sein müssen, kann nach dem Einsetzen, jedoch vor dem Härten die Einsatzschicht weggearbeitet werden. Dadurch können die Führungsbohrungen nach dem Härten eingepaßt werden, so daß jede teuere Nacharbeit durch Schleifen wegfällt.

Induktions- und Flammenhärtung kommen wegen der komplizierten Form kaum in Frage.

Beispiel 3: *Kleinteile mit örtlich harten Stellen* (Abb. 54 u. 55).

Bei Teilen mit örtlich harten Druckflächen sind in erster Linie fertigungstechnische Gesichtspunkte für die Wahl des Verfahrens maßgebend. Die örtliche Oberflächenhärtung mit der Flamme oder auf induktivem Wege gestattet die Verwendung preiswerter, unlegierter Stähle, die vor und nach der Härtung leicht zu bearbeiten sind, da nur die örtlich gehärteten Stellen an der Wärmebehandlung teilnehmen. Ferner ergeben sich sehr kurze Stückzeiten. Die Arbeiten können von angelernten Kräften durchgeführt werden. Abdeckarbeiten, die bei der Einsatzhärtung notwendig sind, entfallen.

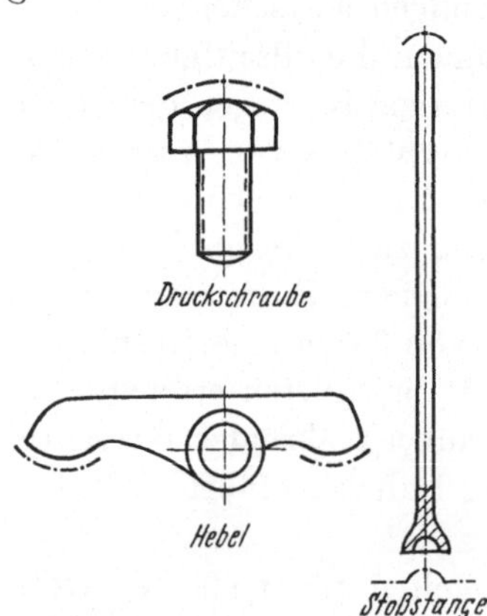

Abb. 54. Kleinteile mit örtlich harten Stellen.

Zeichnungsvorschrift: —·—·—
mit der Flamme oder induktiv gehärtet
$t = 1{,}2$—2,0 mm
HRc $>$ 56
Werkstoff: C_k 45 N oder C_f 56 N

Derartige Teile werden mit der Flamme nach dem Verfahren der Aufsatzhärtung gehärtet. Hierbei kann die Flammenhärtung mit einem normalen Schweißbrenner vorgenommen werden. Die zu härtende Stelle wird bis zur Härtetemperatur, die nach dem Augenschein beurteilt wird, erwärmt und dann das ganze Teil abgeschreckt. Es ist jedoch auch eine Mechanisierung durch Anordnung von Abschreckbrausen und gesteuertem Weitertransport möglich. Die Induktionshärtung erfordert kompliziertere Einrichtungen, mechanisiert dafür aber den Arbeitsgang noch weitgehender, so daß auch ungelernte Kräfte die Arbeit durchführen können.

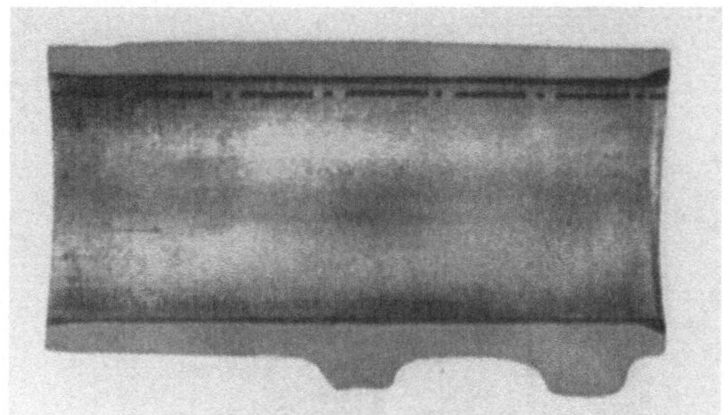

Abb. 55. Schliff eines induktiv gehärteten Schwinghebels.
Zeichnungsvorschrift: —·—·—
induktiv gehärtet
t = 0,4—0,6 mm
HR_c = 58—62
Werkstoff: C/56 V80

Das Härten von Bohrungen erfordert besondere Vorkehrungen. Abb. 55 zeigt z. B. die einwandfreie induktive Härtung einer Schwinghebelbohrung. Die Härte beträgt HRc = 59 bis 63. Die Bohrung wurde von innen mit 22 kW und 250000 Hz geheizt und von außen mit Ringbrause abgeschreckt. Der Vorschub betrug 15 mm/sek.

Die Toleranz der Härtetiefe sollte für die Aufsatzhärtung nicht zu eng gewählt werden, um dem Betrieb das Arbeiten zu erleichtern. Auf die Bewährung der Teile hat eine größere Toleranz keinen Einfluß.

In der Werkstoffvorschrift bedeutet N den normalisierten Zustand und V80 vergütet auf σ_B = 80 bis 100 kg/mm².

Beispiel 4: *Baggerbolzen* (Abb. 56).

Baggerbolzen verbinden die sogenannten Schaken der Eimerketten von Baggern. Zwischen Bolzen und Schaken findet eine ständige Bewegung statt, durch die, verbunden mit schlechten Schmierverhältnissen und ständiger Einwirkung von Staub und Sand, ein starker reibender Verschleiß auftritt. Der bei Aufbereitungs- und Zerkleinerungsmaschinen viel gebräuchliche austenitische Mangan-Hartstahl (12% Mn) ist teuer und befriedigt auch nicht vollständig, da er beim Einbau zunächst verhältnismäßig weich ist und seine Verschleißfestigkeit erst durch die mit hoher Druckbeanspruchung verbundene Kaltverfestigung der Oberfläche erhält. Die hier vorhandene hohe *gleitende* Verschleißbeanspruchung erfordert von Anfang an das Vorhandensein einer möglichst harten Oberfläche.

Bolzen aus durchhärtendem Stahl sind wegen des rauhen Betriebes mit vereinzelten hohen Stößen und der damit verbundenen Gefahr plötzlicher, verformungsloser Brüche ungeeignet.

Die Bolzen werden daher an der Oberfläche gehärtet, wobei für die Festlegung der Zeichnungsangaben folgende Überlegungen maßgebend sind:

a) Die *Härteschichttiefe* soll groß genug sein, damit auch bei stärkerer Abnutzung noch eine harte Oberfläche vorhanden ist. Bei Eimerketten werden verhältnismäßig große Spiele zugelassen, so daß ein Bolzen von 40 mm ∅ durchaus noch verwendbar ist, wenn er auf 34 mm ∅ abgenutzt ist. Andererseits muß noch ein genügender Kernquerschnitt vorhanden sein, um plötzliche verformungslose Brüche zu vermeiden. Da keine ausgesprochene Dauerbeanspruchung vorhanden ist, kann die Kernzähigkeit trotz eines eventuellen Anreißens der Härteschicht zum Teil als Bruchreserve ausgenutzt werden. Stärker verformte Bolzen werden sowieso nach kürzerer Zeit ausgewechselt. Für einen Bolzen von 40 mm ∅ erscheint eine Härteschichttiefe von 4 bis 6 mm angemessen.

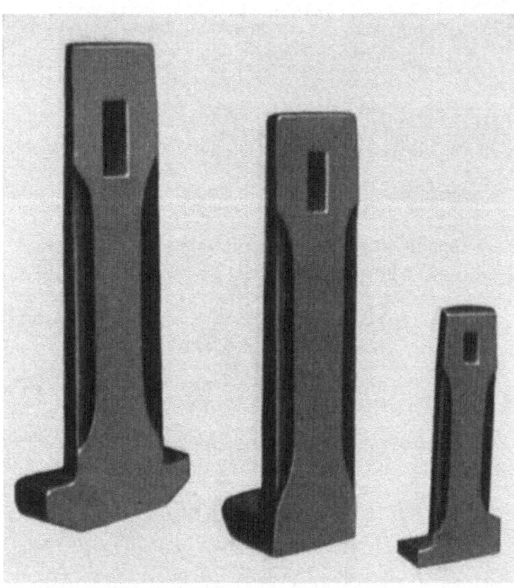

Abb. 56. Schliff durch induktiv gehärtete Baggerbolzen. Nach SEULEN und VOSS.

Zeichnungsvorschrift: —·—·—
induktiv oder mit der Flamme gehärtet
$t = 4$—6 mm
HRc = 54—58
Werkstoff: 37MnSi5 V80

b) Die *Oberflächenhärte* soll so hoch wie möglich sein. Sie ist jedoch abhängig vom Verfahren und Werkstoff. Mit dem gewählten Stahl 37MnSi5 kann eine Härte von HRc = 54 bis 58 bei Anwendung der Induktions- oder Flammenhärtung mit Sicherheit erreicht werden.

c) *Härteschichtverlauf.* Da keine ausgesprochene Dauerbeanspruchung vorliegt, kann die Härteschicht beliebig verlaufen. Lediglich an den verschleißbeanspruchten Stellen muß eine ununterbrochene Schicht vorhanden sein.

d) *Verfahren.* Wegen der verlangten Härteschichttiefe und der einfachen Form des Bolzens ist die Induktions- oder Flammenhärtung besonders geeignet. Beide Verfahren sind wesentlich wirtschaftlicher als die Einsatzhärtung und haben sich auch in der Praxis durchgesetzt. Als Anhalt kann dienen, daß mit der Induktionshärtung 150 bis 300 Bolzen je Stunde gehärtet werden können.

e) *Werkstoff.* Die Vergütung des Stahles ergibt infolge der höheren Kernfestigkeit eine höhere zulässige Beanspruchung und ermöglicht eine gleichmäßige Härteannahme beim nachfolgenden Oberflächenhärten. Die Vergütungsstufe darf jedoch nicht zu hoch gewählt werden, damit eine genügende Kernzähigkeit aus den bereits angeführten Gründen gewährleistet ist. Der Stahl 37MnSi5, vergütet auf $\sigma_B = 80$ bis 95 kg/mm², ist für den vorliegenden Fall geeignet. Für die vorgeschriebene Härteschichttiefe von 4 bis 6 mm muß ein legierter Stahl verwendet werden.

Die Flammenhärtung wird mit einem Ringbrenner nach dem Umlauf-Vorschub-Verfahren vorgenommen. Bei kürzeren Bolzen eignet sich auch die reine Umlaufhärtung, bei der zunächst die gesamte zu härtende Oberfläche bei sich drehendem Bolzen erwärmt und dann abgeschreckt wird.

Die Induktionshärtung arbeitet sinngemäß nach dem Vorschubverfahren und bei kürzeren Bolzen mit der Standhärtung. Im vorliegenden Falle können Maschinenumformer von z. B. 100 kW und 2400 Hertz angewendet werden.

Abb. 56 zeigt Längsschliffe durch induktiv gehärtete Baggerbolzen. Die Flammenhärtung ergibt etwa gleiche Ergebnisse.

Beispiel 5: *Kaltwalze* (Abb. 57).

Kaltwalzen sind durch hohe Flächenpressungen beansprucht und sollen ihre Maßhaltigkeit während einer möglichst langen Betriebszeit behalten. Diesen Forderungen wird durch eine harte Oberfläche Rechnung getragen.

Die Einsatzhärtung erfordert große Öfen und Abschreckbäder und außerdem wegen der notwendigen Härteschichttiefe lange Einsatzzeiten. Sie ist daher unwirtschaftlich und scheidet für diesen Anwendungszweck aus.

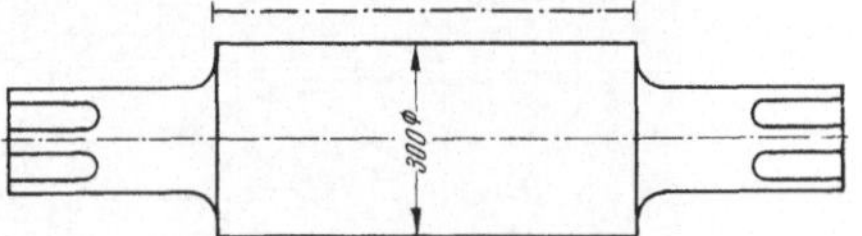

Abb. 57. Mit der Flamme gehärtete Kaltwalze.
Zeichnungsvorschrift: —·—·—
mit der Flamme gehärtet
t = 3—4 mm
HRc = 51—57
Werkstoff: C_k45 N

Derartige klar geformte, große Teile sind prädestiniert für die Flammenhärtung. Es wird nur die Walzenbahn gehärtet, während die Lagerzapfen mit Übergängen weich bleiben. Gelegentliche hohe Stöße können daher aufgenommen werden.

Die Härteschichttiefe muß groß genug sein, um einen Einbruch der Schicht unter der hohen Flächenpressung zu verhindern.

Die Oberflächenhärte ist abhängig vom Werkstoff. Der Stahl C_K 45 wird wegen seiner noch guten Schmiedbarkeit und Bearbeitbarkeit, sowie aus Preisgründen für große Teile gerne gewählt. Die hiermit erreichbare Oberflächenhärte von HRc = 51 bis 57 ist für den vorliegenden Zweck ausreichend.

Für große Durchmesser findet noch vielfach die Schlupfhärtung mit Schlitzbrennern bei langsam umlaufender Welle Anwendung. Das Verfahren ist auch unter der Bezeichnung „Linienhärtung" bekannt. Die Härtung kann auf einer umgebauten Drehbank durchgeführt werden. Die Umfangsgeschwindigkeit der Welle liegt je nach Brennergröße zwischen 100 und 300 mm/min. Der Schlitzbrenner und die nachfolgende Abschreckdüsenreihe werden etwas schräg zur Wellenachse eingestellt, um einen spiralförmigen Verlauf der Schlupfzone zu erzeugen. Hierdurch wird erreicht, daß die weichere Schlupfstelle den

Druck nicht auf ihrer gesamten Breite aufzunehmen hat. Die Kaltwalze in Abb. 57 wird bei diesem Verfahren in vier Bahnen gehärtet. Zwischen den Bahnen bleibt ebenfalls eine weichere Zone. Sollen der Schlupf und die weicheren Zonen zwischen den Bahnen vermieden werden, so muß die Umlauf-Vorschubhärtung mit Ringbrennern angewendet werden. Bei kleineren Durchmessern hat sich dieses Verfahren allgemein durchgesetzt.

Beispiel 6: *Führungsbahnen von Drehbankbetten* (Abb. 58).

Im heutigen Werkzeugmaschinenbau gibt es zwei wichtige technische Merkmale: an der Oberfläche gehärtete und flankengeschliffene Zahnräder und an der Oberfläche gehärtete und geschliffene Führungen.

Abb. 58. Induktionshärteanlage für Drehbankbetten. Nach DE GROAT.
Zeichnungsvorschrift: induktiv oder mit der Flamme gehärtet
$t = 2$—4 mm
HB = 440—520 kg/nn²
Werkstoff: Ge 26.91

Ein kennzeichnendes Beispiel dafür, wie der Verschleißwiderstand bei Werkzeugmaschinenführungen erhöht werden kann, ist das Oberflächenhärten der Führungsbahnen von Drehbankbetten.

Drehbankbetten werden normalerweise aus Grauguß hergestellt. Die Induktions- und Flammenhärtung sind mit Erfolg angewendet worden, um die Führungsbahnen verschleißfester zu machen. Andere Verfahren kommen für die Oberflächenhärtung von Gußeisen nicht in Betracht.

An den Werkstoff Gußeisen müssen jedoch besondere Anforderungen gestellt werden. Am besten eignen sich perlitische Gußeisensorten mit einem gebundenen C-Gehalt von mindestens 0,7% und feinverteilten Graphitadern. Der Gesamt-C-Gehalt soll 3% nicht überschreiten. Es ist stets ratsam, in Zusammenarbeit mit der Gießerei die Eignung der Gußeisensorte für die Oberflächenhärtung zu erproben. Auch legierte Sondergußeisen sind mit Erfolg verwendet worden. Sie ermöglichen größere Härteschichttiefen und höhere Härten. Mit perlitischem Grauguß können Härtewerte von HB = 500 kg/mm^2 und zum Teil darüber erreicht werden.

Selbstverständlich lassen sich auch Stahlgußführungen mit der Flamme oder induktiv härten. Der Kohlenstoffgehalt des unlegierten Stahlgusses soll mindestens 0,35 bis 0,45% betragen, um ausreichende Härtewerte zu erzielen.

Die Härteschichttiefe ist bei unlegierten Werkstoffen mit 4 mm begrenzt. Da jedoch die Führungen von Werkzeugmaschinen nur eine geringe Abnützung zulassen, kann die Härteschichttiefe wesentlich geringer sein und sich in weiten Grenzen nach den Verfahrensmöglichkeiten richten.

Abb. 58 zeigt eine amerikanische Induktionshärtemaschine in Betrieb. Die Leistung beträgt 50 kW bei 530000 Hz. Die Härtezeit beträgt je nach Querschnittsgröße 8 bis 20 Minuten je lfd. Meter (Vorschubverfahren). Sämtliche Gleitflächen werden gleichzeitig gehärtet. Der Verzug beträgt maximal 0,3 mm auf 1,8 m Länge.

In Deutschland haben Flammenhärtemaschinen für Werkzeugmaschinenführungen Bedeutung erlangt. Die Betten liegen bis zur Führungsbahn in Wasser, um Verzug und Spannungen zu vermindern. Durch Verwendung mehrerer Brenner werden auch hier sämtliche Gleitbahnen gleichzeitig nach dem Vorschubverfahren gehärtet. Die Härtezeiten liegen etwa im Bereich der Zeiten der Induktionshärtung.

Beispiel 7: *Gewindebolzen* (Abb. 59).

Abb. 59 zeigt zwei Schliffe durch einen Gewindebolzen. Der rechte Bolzen wurde allseitig im Einsatz gehärtet. Die durchgehärteten Gewindespitzen neigen zum Abplatzen. Es ist daher richtiger, das Gewinde vor dem Einsetzen mit einer Abdeckpaste zu schützen. Das Einsetzen muß im Pulver erfolgen, da die Abdeckpaste im Salzbad aufgelöst werden würde. Das Härten kann jedoch aus dem C_3-Salzbad erfolgen. Der im Bild links dargestellte Bolzen ist auf diese Weise an der Oberfläche gehärtet worden. Grundsätzlich sind nur die notwendigsten Gebiete abzudecken, um unnötige Abdeckarbeit zu ersparen.

Beispiel 8: *Schneckenwelle* (Abb. 60).

Die Gänge von Schneckenwellen werden in erster Linie auf gleitenden Verschleiß beansprucht. Eine harte Oberfläche erhöht daher die

Lebensdauer wesentlich. Hinzu kommt eine Dauerbeanspruchung der Gänge und der Welle.

Die Einsatzhärtung gewährleistet einen vollständig gleichmäßigen Verlauf der Härteschicht sowohl im Kopf als auch im Fuß der Schneckengänge, so daß im Hinblick auf Dauerhaltbarkeit und Verschleiß Bestwerte erzielt werden. Die Gewinde M18 × 1,5 und M24 × 2 sollen wegen ihrer Feinheit weich bleiben. Sie müssen mit einer Paste abgedeckt werden. Der Härteschichtverlauf wird so festgelegt, daß möglichst wenig Abdeckarbeit entsteht und die Härteschicht nicht in gekerbten Übergängen ausläuft.

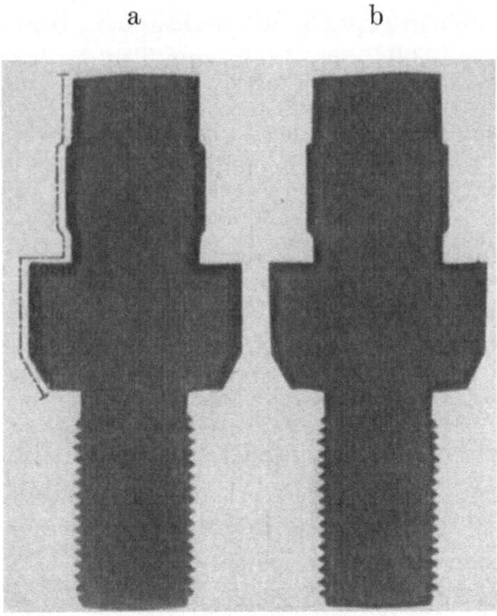

a b

Abb. 59. Im Einsatz gehärtete Gewindebolzen. Nach RÜHENBECK.

Zeichnungsvorschrift für a —·—·— im Einsatz gehärtet
t = 0,6—0,8 mm Einfachhärtung 2
HRc = 58—62 Werkstoff: C_k 15
a = Gewinde mit Paste abgedeckt
b = allseitig im Einsatz gehärtet.

Die Einsatztiefe ist mit 0,7 bis 0,9 mm der Schneckengröße angepaßt und erfordert noch tragbare Einsatzzeiten (ca. 8 Stunden). Gegebenenfalls kann die Einsatztiefe auch geringer gewählt werden, um die Zeit abzukürzen. Der Einsatzstahl 16MnCr5 ergibt bei den vorliegenden Querschnitten eine Kernfestigkeit von σ_B = 85 bis 110 kg/mm². Da die Oberfläche auf gleitenden Verschleiß beansprucht wird, kann die Einfachhärtung 2 angewendet werden.

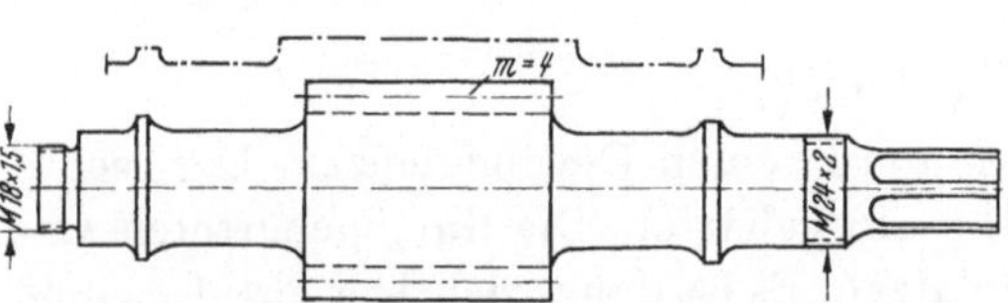

Abb. 60. Im Einsatz gehärtete Schneckenwelle.

Zeichnungsvorschrift: —·—·— im Einsatz gehärtet
t = 0,7—0,9 mm Einfachhärtung 2
HRc = 58—62 Werkstoff: 16MnCr5

Die Welle wird im Pulver eingesetzt, da die Abdeckpaste das Einsetzen im Salzbad verbietet. Abschrecken erfolgt aus dem Ofen oder dem GS540/C_3-Salzbad im Warmbad oder in Öl.

Die Gänge von Schneckenwellen werden mitunter auch induktiv oder mit der Flamme gehärtet. Die Anwendung dieser Verfahren lohnt sich jedoch nur bei sehr großen Abmessungen. Bei entsprechenden Wirtschaftlichkeitsvergleichen ist zu beachten, daß Schneckenwellen aus Festigkeitsgründen häufig eine höhere Kernfestigkeit aufweisen müssen und diese bei den für die Flammen- oder Induktionshärtung verwendbaren Stählen nur durch Vergüten zu erreichen ist. Der Oberflächenhärtung muß also ein aus Abschrecken und Anlassen bestehender Vergütungsprozeß vorhergehen.

Beispiel 9: *Steinbrecher-Exzenterwelle* (Abb. 61).

Üblicherweise werden Steinbrecher-Exzenterwellen in Weißmetalllagerschalen gelagert. Die Wellen brauchen daher an den Lagerstellen nicht hart zu sein. Um eine höhere Lebensdauer der Lagerschalen zu erzielen, sollte im vorliegenden Falle ein härteres Lagermetall verwendet werden. Es erschien ratsam, nunmehr die Lagerstellen der Welle zu härten, um einem Verschleiß an der Welle durch die härteren Schalen vorzubeugen.

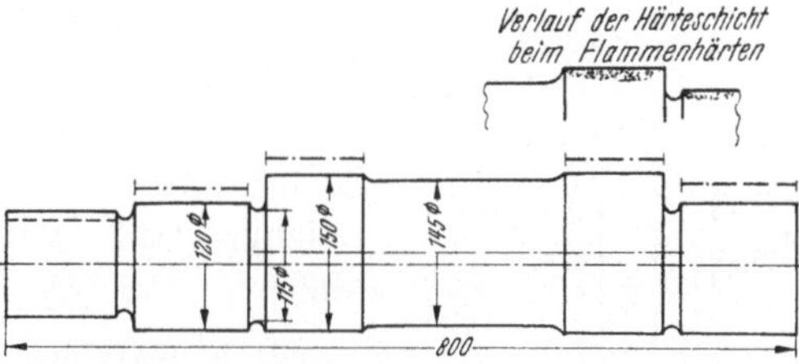

Abb. 61. Mit der Flamme gehärtete Exzenterwelle.
Zeichnungsvorschrift: —·—·— mit der Flamme gehärtet
$t = 2{,}0$—$3{,}0$ mm
HRc = 51—57
Werkstoff: C_k 45 N

Da bei einer Steinbrecherwelle vereinzelte, außerordentlich hohe Stöße auftreten können (Beanspruchungscharakteristik, Abb. 20b), müssen alle bruchgefährdeten Querschnitte zäh, also frei von einer Härteschicht sein.

Als Härteverfahren kommt die Flammenhärtung oder die Einsatzhärtung in Frage, wobei der Flammenhärtung aus wirtschaftlichen Gründen der Vorzug zu geben ist. Die Konstruktion der Welle muß auf die Oberflächenhärtung Rücksicht nehmen. Einstiche mit großen Radien an den Querschnittsübergängen ermöglichen es, diese bruchgefährdeten Stellen frei von einer Härteschicht oder einem Härteschichtauslauf zu halten. Der Härteschichtauslauf liegt im Spannungsschatten. Das zwischen den beiden Exzenterlagerungen befindliche lange, nicht an der Oberfläche gehärtete Gebiet gestattet ein leichtes Richten der Welle nach dem Härten. (Kann von Bedeutung sein, wenn Einsatzhärtung angewendet wird.)

Bei Anwendung der Einsatzhärtung ist es am zweckmäßigsten, an den Flächen, die nicht hart sein dürfen, die Einsatzschicht vor dem Härten wegzuarbeiten.

Die Flammenhärtung wird nach dem Mantelhärteverfahren durchgeführt. Der Werkstoff C_K 45 besitzt im normalisierten Zustand (N) mit $\sigma_B > 60$ kg/mm² eine für den vorliegenden Zweck ausreichende Kernfestigkeit. Die hiermit erzielbare Oberflächenhärte von HRc = 51 bis 57 ist ebenfalls ausreichend. Die Härteschichttiefe wird mit 2,0 bis 3,0 mm begrenzt, damit nicht zu große Querschnittsänderungen und Einstiche wegen des Härteschichtauslaufes vorgesehen werden müssen.

Beispiel 10: *Kurbelwellen* (Abb. 62).

Eines der markantesten Beispiele hochdauerbeanspruchter Maschinenteile ist die Kurbelwelle von Verbrennungskraftmaschinen.

Dauerbrüche treten vor allem im Hubzapfen auf, und zwar liegen die Dauerbruchausgänge entweder im Übergangsradius zur Wange oder an den Ölbohrungen. Die Beanspruchungscharakteristik entspricht Abb. 20a. Übergangsradien und Ölbohrungen sind daher an der Oberfläche mitzuhärten. Ein einwandfreier Härteschichtverlauf ist mit der Einsatzhärtung zu erreichen.

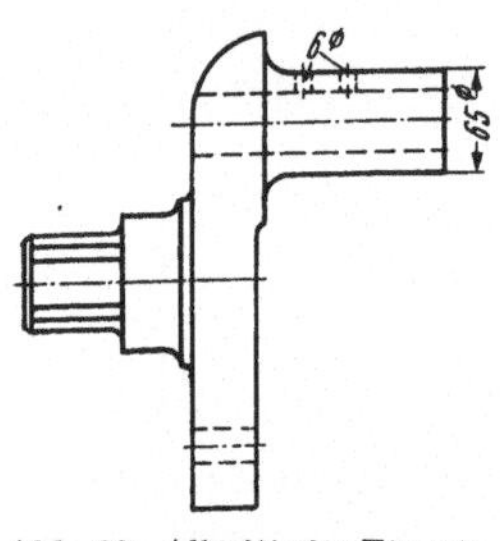

Abb. 62. Allseitig im Einsatz gehärteter Kurbelwellenschenkel.

Zeichnungsvorschrift: allseitig im Einsatz gehärtet $t = 0{,}8$—$1{,}0$ mm HRc = 58—62 Einfachhärtung 2 Werkstoff: 20MnCr5

Die Einsatztiefe soll nicht zu knapp gewählt werden, um bei den vorliegenden Abmessungen eine wirksame Dauerhaltbarkeitssteigerung zu erzielen. Als Werkstoff wird der Stahl 20MnCr5 gewählt, da dieser auch bei größeren Querschnitten noch eine hohe Kernfestigkeit von $\sigma_B = 110$ bis $145\ \text{kg/mm}^2$ nach dem Härten besitzt. Am einfachsten ist es, das Teil nach Abb. 62 allseitig im Einsatz zu härten. Nach dem Härten darf jedoch nicht gerichtet werden. Da die Zapfen geschliffen werden, ist bei sorgfältiger Härtung z. B. im Warmbad ein Richten auch nicht notwendig.

Ungeteilte Reihenmotoren-Kurbelwellen verziehen sich jedoch beim Einsatzhärten meistens derart, daß ein Richten nicht zu umgehen ist. In diesem Falle müssen alle Wangen frei von einer Einsatzschicht sein, um Gebiete zu erhalten, die sich ohne Gefahr bleibend verformen können. Das Abdecken bzw. Abarbeiten der Einsatzschicht an den Wangen ist umständlich.

Um die Fertigung zu vereinfachen und den Härteprozeß in die Fertigungsstraße einbauen zu können, werden deshalb in vielen Fällen Reihenmotoren-Kurbelwellen auf besonderen Kurbelwellen-Härtemaschinen mit der Flamme gehärtet. Hierbei ist jedoch auf einen einwandfreien Verlauf der Härteschicht in den Querschnittsübergängen zu achten, und die Ölbohrungen sind in ein Gebiet niedrigerer Beanspruchung zu legen (möglichst neutrale Faser), wenn die durch Oberflächenhärten mögliche Dauerfestigkeitssteigerung ausgenützt werden soll. Die Kurbelwellen müssen zur Erzielung ausreichender Kernfestigkeit vor dem Flammenhärten vergütet werden (σ_B = 90 bis 110 kg/mm² bei hochbeanspruchten Wellen). Die gegenüber der Einsatzhärtung größere mögliche Härteschichttiefe wirkt sich günstig auf die Dauerhaltbarkeit aus.

Beispiel 11: *Zahnräder* (Abb. 63 u. 64).

Die bei Getriebezahnrädern auftretenden Beanspruchungen erfordern folgende Eigenschaften der Zähne:

a) Widerstand gegen gleitenden Zahnflankenverschleiß,
b) Dauerwalzenfestigkeit,
c) Dauerfestigkeit des Zahnfußes,
d) Festigkeit des Zahnfußes bei einmaliger hoher Überlastung infolge von Schlag oder Spitzendrehmomenten (Schlagfestigkeit).

Um dieser Vielzahl von Anforderungen zu entsprechen, werden heute die Zahnräder von Hochleistungsgetrieben an der Oberfläche gehärtet.

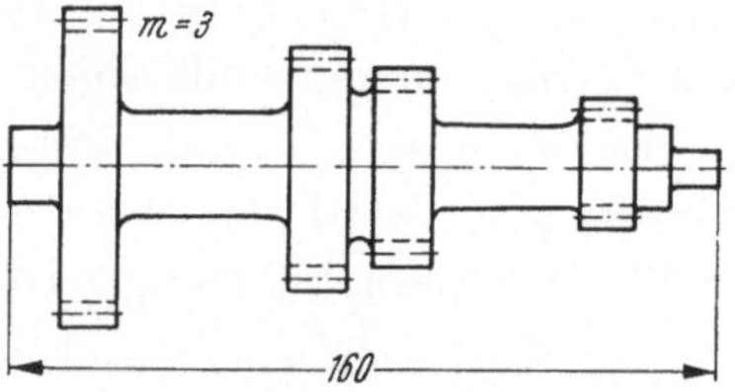

Abb. 63.
Allseitig im Einsatz gehärtete Zahnräder.
Zeichnungsvorschrift:
allseitig im Einsatz gehärtet
t = 0,5—0,7 mm Einfachhärtung 1
HRc = 58—62 Werkstoff: 16MnCr5

Verschleißwiderstand und Dauerwalzenfestigkeit sind abhängig von der Oberflächenhärte. An den Zahnflanken muß daher eine Härte von HRc = 58 bis 62 gefordert werden.

Zur Erzielung einer hohen Dauerhaltbarkeit im Zahnfuß ist auf den Verlauf der Härteschicht besonderer Wert zu legen. Auf keinen Fall darf die Härteschicht im Übergang zum Zahnfuß auslaufen. Die Tiefe der Härteschicht muß auf die Zahnstärke abgestimmt sein. Bestwerte für die Dauerhaltbarkeit und die Haltbarkeit bei einmaliger Überlastung ergeben sich, wenn die Härteschichttiefe etwa 10 bis 15% der Zahnfußstärke beträgt (Tab. 6 und Abb. 33). Der günstigste Kernfestigkeitsbereich liegt zwischen σ_B = 120 und 160 kg/mm², und zwar sowohl bezüglich Dauerfestigkeit als auch Schlagfestigkeit. Die Schlagfestigkeit darf hierbei nicht auf Grund des Kerbschlagversuches, sondern unter Beachtung des Anreißens der Härteschicht beurteilt werden.

Den geschilderten Forderungen wird die Einsatzhärtung gerecht. Die Zahnräder werden im allgemeinen allseitig im Salzbad oder Pulver eingesetzt und einfachgehärtet. Die Doppelhärtung bringt in keiner Hinsicht Vorteile.

Da die Zahnräder häufig vor dem Einsetzen fertig bearbeitet, also nach dem Härten nicht mehr geschliffen werden, ist ein möglichst geringer Verzug erwünscht. Die Erfahrung lehrt, daß das Einsetzen im Pulver — wohl infolge der langsamen Abkühlung — einen geringeren

Verzug zur Folge hat als das Einsetzen im Salzbad. Bei der Doppelhärtung ist der Verzug größer als bei der Einfachhärtung. Aber auch eine geeignete Formgebung kann den Verzug beeinflussen. Durch den Zahnkranz verlaufende und im Zahngrund mündende Ölbohrungen sind in dieser Hinsicht ungünstig. Der Zahnkranz sollte nicht nur aus Festigkeitsgründen, sondern auch wegen der Verzugsgefahr nicht zu schwach bemessen sein.

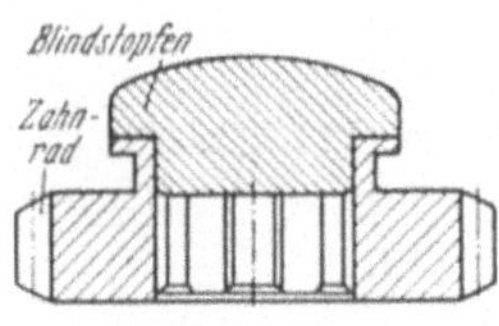

Abb. 64. Härten eines verzugsempfindlichen Zahnrades.

In manchen Fällen ist es möglich, durch besondere härtetechnische Maßnahmen dem Verzug zu begegnen. An dem Zahnrad in Abb. 64 schrumpfte durch das Härten die Keilbahn am eingestochenen Bund in unzulässigem Maße. Mit einem vor dem Härten eingepreßten Blindstopfen aus Stahl gemäß Abb. 64 wird ein gewisser Querschnittsausgleich geschaffen, so daß nunmehr der Verzug in den zulässigen Grenzen gehalten werden kann.

Da Zahnräder durch Pittingbildung (Dauerwalzenfestigkeit) gefährdet sind, werden höchste Anforderungen an die Einsatzschicht gestellt. Die Einfachhärtung 1 ist daher vorzuziehen.

Die Werkstoffauswahl richtet sich nach der Beanspruchung und der Zahngröße. Für Hochleistungsgetriebe wird bis zu $m \approx 4$ der Stahl 16MnCr5 und darüber 20MnCr5 verwendet, um möglichst hohe Kernfestigkeiten bis zu $\sigma_B = 150$ kg/mm² zu erreichen. Bei geringeren Beanspruchungen genügt der unlegierte Einsatzstahl C_K15.

Während früher dieses Anwendungsgebiet der Einsatzhärtung vorbehalten war, sind in den letzten Jahren von der Flammen- und Induktionshärtung beachtliche Ergebnisse erzielt worden, so daß diese Verfahren heute ebenfalls mit Erfolg angewendet werden. In erster Linie waren es wirtschaftliche und betriebstechnische Gesichtspunkte (Fließfertigung), die nach neuen Wegen suchen ließen. Auch sollte mit der Induktions- und Flammenhärtung der Verzug verringert werden.

Zahnräder, die induktiv oder mit der Flamme gehärtet werden sollen, müssen zur Erzielung einer hohen Dauer- und Schlagfestigkeit vergütet werden. Beim Vergüten der fertigbearbeiteten Räder ist mindestens mit dem gleichen Verzug wie bei der Einsatzhärtung zu rechnen. Wird dagegen die Vergütung am Rohling vorgenommen, so ist die Kernfestigkeit mit $\sigma_B = 80$ bis 95 kg/mm² wegen der Zerspanbarkeit begrenzt. Aber selbst bei dieser Vergütungsstufe läßt sich ein Vergütungsstahl schwerer zerspanen als ein normalisierter Einsatzstahl (z. B. 16MnCr5N mit $\sigma_B = 50$ bis 60 kg/mm²).

Für einen Wirtschaftlichkeitsvergleich müssen die Kosten für das Vergüten, das aus Härten und einem 1- bis 2stündigem Anlassen besteht, mit einkalkuliert werden. Ein einwandfreier Verlauf im Zahngrund ist meistens nur im Einzelzahn-Härteverfahren zu erreichen[1]. Ferner sollen häufig Keilbahnen in der Nabe oder angeschmiedete Klauen von Schalträdern ebenfalls an der Oberfläche gehärtet werden, so daß die Flammen- und Induktionshärtungen mehrere Arbeitsgänge erfordern.

Diese Ausführungen zeigen, daß es mit einem einfachen Vergleich der Zeiten für die reinen Oberflächenhärteverfahren nicht getan ist und die Entscheidung für die Wahl des einen oder anderen Verfahrens oft schwer fällt. Im allgemeinen dürften zumindestens die Zahnräder der Fahrzeugindustrie weiterhin im Einsatz gehärtet werden, während die Anwendung der Induktions- oder Flammenhärtung erst bei großen Abmessungen lohnend erscheint (z. B. ab Modul 5 bis 6). Bei weniger hoch beanspruchten Zahnrädern mit unvergütetem Kern kann dagegen die induktive Allzahnhärtung wesentliche wirtschaftliche Vorteile bringen, wenn eine genügende Stückzahl zu fertigen ist.

Beispiel 12: *Geschweißte Konstruktion mit Lagerbuchse* (Abb. 65).

In diesem Falle handelt es sich um eine sperrige, geschweißte Konstruktion mit einer in der Bohrung harten Führungsbüchse. Auf die Schweißbarkeit des Werkstoffes muß Rücksicht genommen werden. Deshalb scheiden alle Oberflächenhärteverfahren, die mit Vergütungsstählen ($C > 0{,}3\%$) arbeiten, aus. Einsatzstähle sind dagegen wegen ihres geringen C-Gehaltes gut schweißbar. Aufgekohlte Schichten dürfen jedoch nicht an den Schweißnahtkanten vorhanden sein (Schweißrißgefahr!).

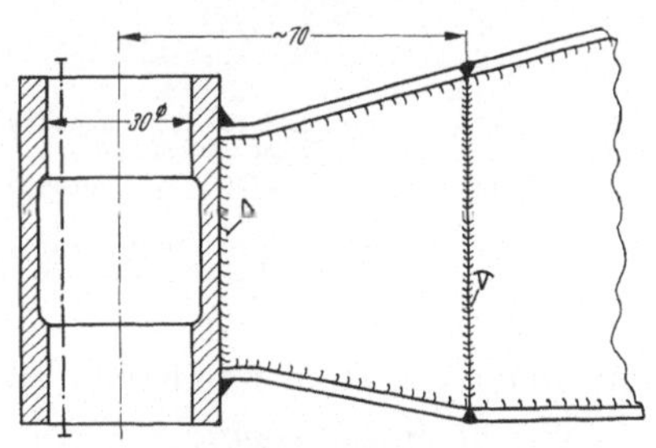

Abb. 65. Im Einsatz gehärtete Lagerbuchse bei Schweißkonstruktion.
Zeichnungsvorschrift: —·—·—
im Einsatz gehärtet
$t = 0{,}4$—$0{,}6$ mm
HRc = 58—62
Einfachhärtung 2
Werkstoffe der Buchse: $C_k 10$

Würde man die Büchse in der Bohrung einsatzhärten und dann anschweißen, so würde die Härteschicht durch die Schweißwärme wieder angelassen. Deshalb wird ein Stumpfstoß in ca. 70 mm Entfernung von der Büchsenmittellinie angeordnet. Der Arbeitsgang ist dann folgender:

a) Büchse mit I-Stumpf verschweißen. — b) Bohrung fertigdrehen. — c) Bohrung einsetzen. Alle anderen Gebiete frei von Einsatz. — d) Härten, entspannen. — e) Stumpfstoß schweißen. — f) Richten.

---

[1] Mit der Induktionshärtung ist es allerdings bereits gelungen, bei sehr kurzen Glühzeiten und hohen Frequenzen einen einwandfreien Schichtverlauf auch im Allzahn-Härteverfahren zu erzielen (Abb. 49).

Es ist jedoch auch möglich, die eingesetzte, aber nicht gehärtete Buchse direkt mit dem I-Rahmen zu verschweißen und zum Schluß die Bohrung mit der Flamme oder induktiv zu härten. Dann entfällt der Stumpfstoß.

Beispiel 13: *Verschiedene nitrierte Konstruktionsteile* (Abb. 66 u. 67).

Abb. 66 zeigt verschiedene Konstruktionsteile, bei denen die Nitrierhärtung zweckmäßig ist. Es handelt sich im allgemeinen um solche Teile, die zwecks guter Laufeigenschaften eine sehr harte Oberfläche besitzen müssen, deren Härteschichttiefe aber nicht groß zu sein braucht. Weiterhin sind luftgekühlte Flugmotorenzylinder, bei denen sich der geringe Verzug der Nitrierhärtung besonders günstig auswirkt, ferner Kolbenbolzen und Ventilschäfte mit gutem Erfolg nitriert worden. Wie bereits in Abschn. 5,23 erwähnt, ist die besondere Schlagempfindlichkeit der Nitrierschicht zu beachten. Aus diesem Grunde ist man z. B. von der anfänglich mit Erfolg eingeführten Nitrierhärtung der Hauptpleuel von Sternmotoren, die vor allem auch eine merkbare Steigerung der Dauerhaltbarkeit brachte, wieder abgegangen. Die Pleuel waren bei der betrieblichen Handhabung während des Transportes und in der Montage zu empfindlich gegen Anschlagen der Nitrierschicht, so daß gelegentlich Rückschläge auftraten. Eine angeschlagene Nitrierschicht führt bei höherbeanspruchten Teilen unweigerlich zu Dauerbrüchen.

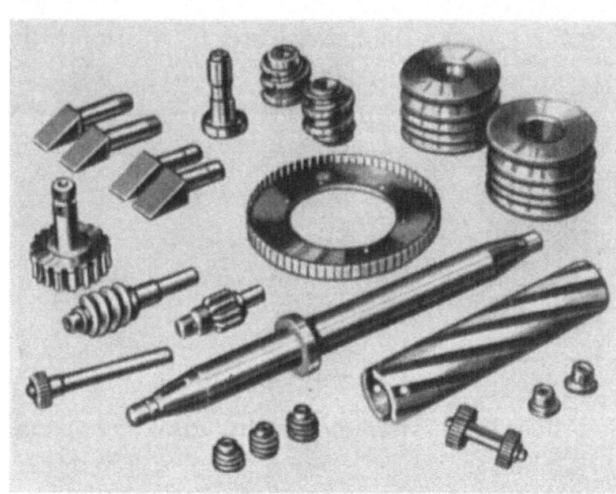

Abb. 66. Verschiedene nitrierte Konstruktionsteile. Nach EICHWALD.
Zeichnungsvorschrift z. B.: allseitig nitriert
t = 0,2—0,3 mm
HV > 900 kg/mm²
Werkstoff: 34CrAl6 V80

Aus denselben Gründen ist beim Nitrieren von Laufgewinden und Gewinden, die häufig gelöst werden, besondere Vorsicht geboten. Da derartige Gewinde gerne zum Fressen neigen, bietet die Nitrierhärtung an sich bedeutende Vorteile. Hohe Zugkräfte in der Schraube oder Spindel führen jedoch zum Anreißen der Schicht im Gewindegrund, da sich die Gänge plastisch verformen. Dauerbrüche sind die Folge. Man wird daher, wenn irgend möglich, stets nur das Mutterngewinde nitrieren. Aber auch die Gewindespitzen neigen leicht zum Abbröckeln.

Die harten abgebröckelten Teilchen blockieren dann das Gewinde. Die Spitzen nitrierter Gewinde müssen daher nach dem Nitrieren abgeschliffen werden. Abb. 67 zeigt die richtige Ausführung, bei der das

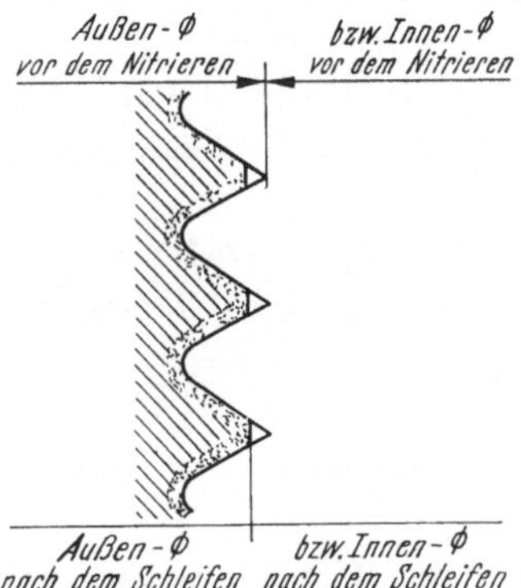

Abb. 67. Ausbildung eines nitrierten Gewindes. Nach WIEGAND und HAAS.

Zeichnungsvorschrift:
allseitig nitriert
$t = 0{,}08$—$0{,}12$ mm
HV > 750 kg/mm²
Gewindespitzen nach dem Nitrieren 0,3 mm im Durchmesser abschleifen
Werkstoff: 31CrMoV9 V100

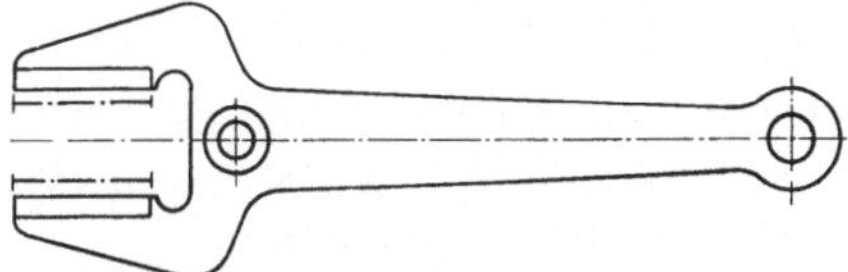

Abb. 68. Schwinggabel aus weißem Temperguß. Nach RÜHENBECK.

Zeichnungsvorschrift: allseitig eingesetzt
$t = 0{,}6$—$0{,}8$ mm
—·—·— mit der Flamme oder induktiv gehärtet
HRc = 56—60
Werkstoff: TeW92

Nitrieren den besten Schutz gegen Fressen bietet.

In der Zeichnungsvorschrift sollte nicht die Rockwellhärte HRc, sondern die Vickershärte HV angegeben werden. Die Prüflasten der Rockwellmethode sind für die dünnen Schichten zu hoch. Am zweckmäßigsten wird mit 10 kg oder 20 kg Prüflast nach der Vickersmethode geprüft. In der Werkstoffvorschrift ist die gewünschte Vergütungsstufe mit anzugeben. Die Teile werden vor dem Nitrieren vergütet. V 80 bedeutet z. B. vergütet auf $\sigma_B = 80$ bis 100 kg/mm². Die obere Begrenzung der Vergütungsstufe ist durch die Normen festgelegt (Tab. 12).

Beispiel 14: *Schwinggabel aus Temperguß* (Abb. 68 u. 69).

Zum Schluß sei noch ein Beispiel gebracht, das die vielseitige Anwendbarkeit der Oberflächenhärtung zeigt.

Die Gleitbahnen des in Abb. 68 dargestellten Schwinghebels sind auf gleitenden Verschleiß beansprucht. Eine höhere Oberflächenhärte ist daher zweckmäßig. Da das Teil aus weißem Temperguß TeW92 besteht, sind jedoch besondere härtetechnische Maßnahmen erforderlich.

Weißer Temperguß besteht im Kern aus einer Grundmasse mit ca. 0,7 bis 0,9% C (Perlit), in die Temperkohleknötchen (Graphit) eingelagert sind. Zum Rande zu nimmt der C-Gehalt der

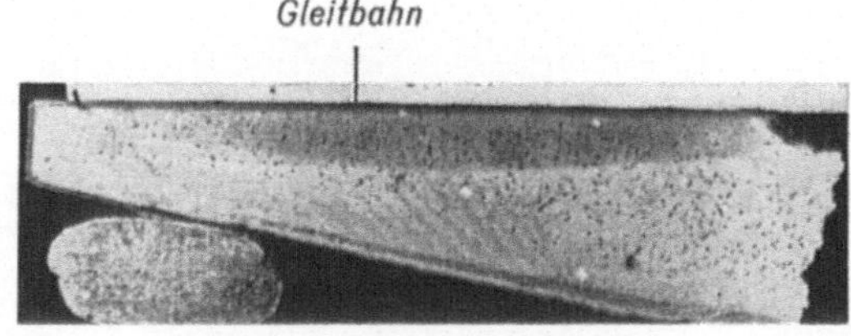

Abb. 69. Längsschliff durch die induktiv gehärtete Gleitbahn der Schwinggabel in Abb. 68.

Grundmasse und der Anteil der Temperkohle infolge des entkohlenden Temperns ab. Am Rande besteht das Gefüge aus praktisch reinem Eisen (Ferrit). Um die Oberfläche härten zu können, muß diese daher mit Kohlenstoff angereichert, also eingesetzt werden. Würde nun das ganze Teil gehärtet (wie bei der Einsatzhärtung), so nähme auch der Kern infolge seines hohen C-Gehaltes Glashärte an. Das Teil würde also durchhärten und evtl. bereits beim Härten reißen, zumindestens aber außerordentlich spröde sein.

Es werden deshalb nur die Gleitbahnoberflächen entweder mit der Flamme oder induktiv gehärtet. Der Kern und die übrigen Gebiete der Gabel nehmen an der Härtung nicht teil und behalten daher die einem Temperguß entsprechende Zähigkeit.
Die erreichbare Oberflächenhärte entspricht derjenigen der Einsatzstähle.

Abb. 69 zeigt einen Längsschliff durch die Gleitbahn der eingesetzten und induktiv gehärteten Schwinggabel nach Abb. 68. Die aufgekohlte und gehärtete dunkle Randschicht hebt sich deutlich ab. Die Temperkohleknötchen sind gut zu erkennen. Der dunklere Schatten unter der Härteschicht stellt die Wärmeeinflußzone dar. Diese Zone ist jedoch nicht mehr gehärtet.

Literaturverzeichnis.

BAUKLOH, W.: Physikalisch-chemische Grundlagen der Aufkohlung von Eisen. Technik Bd. 3 (1948) S. 224/26.

BEYER u. E. HOWARD: Unterbrochenes Härten und seine Anwendung im Betrieb. Trans. Amer. Soc. Met., nach Iron Coal Tr. Rev. Vol. 154 (1947) Nr. 4130, S. 825. Referiert in Stahl und Eisen Bd. 66/67 (1947) Nr. 12.

BUCHHOLZ, H.: Das Oberflächenhärten mit Hilfe der Acetylen-Sauerstoff-Flamme. T. Z. f. prakt. Metallbearbeitung, Jg. 44 (1934) S. 13/18.

BÜHLER, H.: Oberflächenhärtung durch Brenngas-Sauerstoff-Flammen. Werkstatt u. Betrieb Bd. 83 (1950), S. 24 bzw. 26.

—: Einsatzhärtung. Werkstatt u. Betrieb 1951 H. 7, S. 301/302.

—: Stahlhärtung durch Abschrecken im Warmbad. Das OCe-Verfahren. Werkstatt u. Betrieb 1951 H. 7, S. 302/303.

BÜRNHEIM, H.: Eine neue Härteskala. Werkstatt u. Betrieb 1951 H. 4, S. 155/156. Dort weiteres Schrifttum.

CORNELIUS, B. H., u. W. TROSSEN: Die Eignung verschieden legierter Vergütungsstähle für die Nitrierhärtung. Arch. Eisenhüttenwesen, Jg. 17 (1943) Nr. 3/4, S. 77/78.

DAMEROW, E., u. A. HERR: Hilfsbuch für praktische Werkstoffabnahme in der Metallindustrie, 2. Aufl. Berlin: Springer 1941.

DE GROAT, G. H.: Hochfrequenz-Induktionshärtung von Drehbankbetten. (High-Frequency Induktion Hardening of Lathe Beds.) Maschinery, N. Y., Dez. 1948, S. 160/163. Auszug in Werkstatt u. Betrieb 1949, S. 458.

DIERGARTEN, H.: Reibung und Verschleiß bei Wälzlagern. Reibung und Verschleiß 1939. Berlin: Vorträge einer VDI-Tagung.

DOLIWA: Die Bedeutung des Brennhärtens für den Kraftfahrzeugbau. Der Auto-Markt Nr. 28 (1951) S. 11.

EICHWALD, E.: Nitrier-, Öl- und Lufthärtestähle. ATZ 1942, H. 12, S. 338/343 (dort weiteres Schrifttum).

EILENDER, W., u. O. MAYER: Über die Nitrierung von Eisen und Eisenlegierungen. Arch. Eisenhüttenwesen 1930, S. 343.

FISCHER, O.: Die Oberflächenhärtung. Metalloberfläche Ausg. A (1951) H. 8, S. A 120 bis A 125 und (1951) H. 9, S. A 133 bis A 139. Dort weiteres Schrifttum.

FRY, A.: Zur Theorie und Praxis der Nitrierhärtung. Techn. Mitteilungen Krupp 1933, S. 44.

GENGENBACH, O.: Grundlagen und Anwendung der induktiven Erwärmung. Werkstatt u. Betrieb 1949 H. 12, S. 430.

GLAUBITZ, H.: Oberflächenhärtung und Bauteilfestigkeit von Zahnrädern. Werkstatt u. Betrieb Bd. 80 (1947) Nr. 10, S. 249/59; Nr. 11, S. 277/82.

—: Neue Werkstoffe und neue Wärmebehandlungsverfahren. ATZ Jg. 47 (1944) Nr. 1/2, S. 17/21.

GÖBEL, E. F., u. W. MARFELS: Bestimmung der zulässigen Spannungen dauerbeanspruchter Baustähle. Konstr. Bd. 3 (1951) H. 12, S. 381/85.

GRÖNEGRESS, H. W.: Das Brennhärten. Härtereitechn. Mitteilungen Nr. 2 (1943).

—: Brennhärten, W.-B. 89. Berlin: Springer 1942.

—: Brennhärten im Zahnradbau. Werkstatt u. Betrieb Bd. 81 (1948) S. 145/150.

GRÜN, P.: Tauchhärtung. Härtereitechn. Mitteilungen Nr. 2 (1943).

HAUFE, W., u. F. BRÜHL: Neuere Erfahrungen mit Nitrierstahl, insbesondere im Werkzeugmaschinenbau. Masch.-Betrieb Bd. 10 (1931) S. 605.

HENGSTENBERG, O.: Untersuchungen über die chemische Angreifbarkeit nach dem Nitrierhärteverfahren behandelter Sonderstähle. Kruppsche Monatshefte 9 (1928) S. 93.

— u. R. MAILÄNDER: Biegeschwingungsfestigkeit von nitrierten Stählen. Kruppsche Monatshefte 11 (1930) S. 252.

HERBERS, H.: Härten und Vergüten des Stahles. W. B. 7, 5. Aufl. Berlin/Göttingen/Heidelberg: Springer 1947.

JUNG, H.: Induktive Wärmebehandlung. Härtereitechn. Mitteilungen Nr. 3 (1944).

KALPERS, H.: Verschleißfeste Baumaschinenteile durch Autogenhärtung. Der Bau, 1949 H. 10, S. 247/248.

KLAUSER, H. H.: Anwendungsgebiete der Induktions- und direkten Gaserwärmung. (Heating Metals by Induction and High-Speed Gas Methods.) Mat. und Meth., N. Y., Juli 1948, S. 55/59.

KOLAR, L., u. K. JÜTHNER: Das Einsatzhärten. Korrosion und Metallschutz Jg. 19 (1943) Nr. 12, S. 309/12.

LANG, M.: Badnitrieren spanabhebender Werkzeuge aus Schnellstahl. Werkstatt u. Betrieb Bd. 79 (1946) Nr. 1, S. 7/10.

LLOYD, T. E.: Einsatzhärtung von Kolbenbolzen bei Induktionserhitzung. Iron Age 159 (1947) Nr. 5, S. 54/56. Referiert in Stahl und Eisen Bd. 66/67 (1947) Nr. 7/8.

MAILÄNDER, R.: Über die Dauerfestigkeit von nitrierten Proben. Techn. Mitteilungen Krupp, Juni 1933, Sonderdruck.

—: Eigenspannungen und Biegewechselfestigkeit verstickter Stahlproben. Stahl u. Eisen, Jg. 56 (1936) S. 1538ff.

MEILLER, K.: Flammenhärtung. Techn. Handwerk 1948, H. 1/2, S. 9/10.

MÜLLER, C. A.: Das OCe-Verfahren. Ferrous Metallurgy 1 (1948) S. 286/87.

MÜLLER, H.: Zweck und Ergebnisse der Oberflächenhärtung. Härtereitechnische Mitteilungen Nr. 3 (1944).

NIEMANN, G.: Maschinenelemente Bd. I. Berlin/Göttingen/Heidelberg: Springer 1950.

—: Walzenfestigkeit von Zahnrad- und Wälzlager-Werkstoffen. Z. VDI Bd. 87, Nr. 33/34, S. 521.

RAPATZ, F.: Die Edelstähle, 4. Aufl. Berlin/Göttingen/Heidelberg: Springer 1951.

RIEBENSAHM, P.: Das OCe-Verfahren. Härtereitechnische Mitteilungen Nr. 2 (1943) S. 154/69.

—: Vergleich der Oberflächenhärtungs-Verfahren. Härtereitechnische Mitteilungen Nr. 3 (1944).

RITSCHIE, S. G.: Metallurgical Aspects of Maschine-Tool-Castings. Foundry Journ. Bd. 75 (1945) S. 231/34 u. S. 251/55, Auszug in Z. VDI 1949, S. 116.

RÜHENBECK, A.: Induktionshärtung von Temperguß. Die Gießerei H. 5 (1952) S. 103/07.

SEULEN, G.: Induktionshärtung. Härtereitechnische Mitteilungen Nr. 2 (1943).

— u. H. VOSS: Induktionshärtung von Baggerbolzen. Werkstatt u. Betrieb 1949 H. 2, S. 37/39.

SLATTENSCHECK, A.: Die Gesetze der Diffusion bei der Aufkohlung im Salzbad und im Pulver. Härtereitechnische Mitteilungen Nr. 2 (1943).

SPÄTH, W.: Härte und Verschleiß. Metalloberfläche Ausg. A 1950 H. 12, S. A 177 bis 180. Dort weiteres Schrifttum.

SCHÄFFLER, G.: Das Nitrierhärten von Stahlteilen. Mechanik und Maschinenbau 1951, Nr. 9, S. 2/4.

SCHMITT, E.: Gasaufkohlung. Härtereitechnische Mitteilungen Nr. 2 (1943).

STAUDINGER, H.: Vergleichende Untersuchungen über Einhärtung und Verzug bei Pulver- und Salzbad-Aufkohlung von EC80. Fertigungstechnik Nr. 1 (1944) S. 14/16.

ULRICH, M., u. H. GLAUBITZ: Festigkeits- und Verschleißeigenschaften brenngehärteter Zahnräder. Z. VDI Bd. 91 (1949) S. 584.

— —: Stand der Induktionshärtung von Zahnrädern. Z. VDI Bd. 91 (1949) S. 577.

VENTURINI, J. D.: Oberflächenhärtung von Stahl durch Diffusion im festen Zustand und nachfolgender Nitrierung. C. R. Acad. Sci. Paris Vol. 244 (1947) S. 118/20. Referiert in Stahl und Eisen Bd. 68 (1948) Nr. 3/4.

WIEGAND, H.: Oberfläche und Dauerfestigkeit. Berlin: Müller und Sohn 1940. Dort weiteres Schrifttum.

—: Oberflächenhärtung als Mittel zur Leistungssteigerung, Werkstoffersparnis und Werkstoffumstellung. Forschung auf dem Gebiete des Ingenieurwesens Nr. 4 (1941) S. 195/202.

— u. B. HAAS: Berechnung und Gestaltung von Schraubenverbindungen. K.-B. 5, 2. Aufl. Berlin/Göttingen/Heidelberg: Springer 1951.

— u. R. SCHEINOST: Einfluß der Einsatzhärtung auf die Biege- und Verdreh-Wechselfestigkeit von glatten und quergebohrten Probestäben. Archiv Eisenhüttenwesen Bd. 12 (1938/39) S. 445/48.

WAHL, H.: Verschleißtechnik. Die Technik Bd. 3 (1948) S. 193. Dort weiteres Schrifttum.

ZORN, E.: Stand und Aussichten der autogenen Oberflächenhärtung. Autogene Metallbearbeitung XXVII. Jg., H. 20/21.

Sachverzeichnis.